高等学校规划教材

工 程 数 学

主　　编　吴彦强
副主编　胡志刚　张祥芝　范胜君
　　　　　吴宗翔　严兴杰

中国矿业大学出版社
·徐州·

图书在版编目(CIP)数据

工程数学 / 吴彦强主编. —徐州：中国矿业大学
出版社，2020.11

ISBN 978 - 7 - 5646 - 4630 - 1

Ⅰ.①工…　Ⅱ.①吴…　Ⅲ.①工程数学—高等学校—
教材　Ⅳ.①TB11

中国版本图书馆 CIP 数据核字(2020)第 219346 号

书　　名	工程数学
主　　编	吴彦强
责任编辑	黄本斌
出版发行	中国矿业大学出版社有限责任公司
	（江苏省徐州市解放南路　邮编 221008）
营销热线	（0516)83884103　83885105
出版服务	（0516)83995789　83884920
网　　址	http://www.cumtp.com　E-mail：cumtpvip@cumtp.com
印　　刷	江苏淮阴新华印务有限公司
开　　本	787 mm×960 mm　1/16　印张 9　字数 162 千字
版次印次	2020 年 11 月第 1 版　2020 年 11 月第 1 次印刷
定　　价	30.00 元

（图书出现印装质量问题,本社负责调换）

前　言

　　"工程数学"是普通高等院校工科专业的一门重要基础课程,是现代科学理论基础的重要组成部分。它也是解决实际问题的一门重要工具,特别是在信息与控制等专业基础课的学习中,积分变换是需要熟练掌握的内容。

　　本书是根据教育部高等教育本科"复变函数与积分变换"课程的基本要求,结合作者多年的教学经验以及工程数学教学团队多年教学的一些心得体会而编写的一本教材。为满足各类专业及不同层次的需求,并体现理论联系实际的原则,本书强化了实用性内容,以便利于学生学以致用。在编写过程中力争做到重点突出、条理清晰,并且注重对学生解题方法的指导和思维能力的培养。

　　本书主要内容包括:复数与复变函数、解析函数及初等函数、复变函数的积分、级数、留数、场论、傅里叶变换、拉普拉斯变换等。同时,每章末附有习题,以便于读者能够检查自己对相应章节内容的掌握情况。

　　本书较以往教材相比,有以下创新:① 明确了指数函数的表达式;② 指明了两类积分变换之间的联系;③ 对拉格朗日乘数法做了更加直观的几何解释等。

　　本书的编写得到了国家自然科学基金项目(11501560)的资助。在编写过程中,中国矿业大学数学学院的多位教师对书稿提出了很多的宝贵意见和建议,在此由衷地表示感谢。

　　本书在编写过程中,作者力求内容完整,避免谬误,但由于水平有限,不足之处难免,恳请读者在使用过程中,不吝赐教,多多指正。

编　者
2020 年 9 月

目　　录

第 1 章　复数与复变函数

§1.1　复数及其运算

1. 复数的三种表示式及其几何表示

每个复数 z 都具有 $x+\mathrm{i}y$ 的形式,称为复数的代数表示式,其中 x 和 y 为实数,$\mathrm{i}^2=-1$;x 和 y 分别称为 z 的实部(real part)和虚部(imaginary part),分别记作 $x=\mathrm{Re}\,z$ 及 $y=\mathrm{Im}\,z$,i 被称为虚数单位. 当 $x=0$,$y\neq0$ 时,$z=\mathrm{i}y$ 称为纯虚数;当 $y=0$ 时,$z=x+0\mathrm{i}$,我们把它看作是实数 x,因而复数是实数的推广. 如果两个复数 z_1 和 z_2 的实部和虚部分别相等,那么称这两个复数相等. 与实数不同,一般来说,任意两个复数不能比较大小.

由于一个复数 $z=x+\mathrm{i}y$ 由一对有序实数 (x,y) 唯一确定,所以对于平面上给定的直角坐标系,从而复数 $z=x+\mathrm{i}y$ 可以用该平面上坐标为 (x,y) 的点表示,这是复数的一个几何表示方法. 此时,x 轴称为实轴,y 轴称为虚轴,所在的平面称为复平面. 于是,复数与复平面上的点成一一对应,并且把"点 z"作为"数 z"的同义词,从而使我们能借助几何语言和方法去研究复变函数的问题,也为复变函数应用于实际奠定了坚实的基础. (见本章 §1.2)

在复平面上,复数 z 还与从原点指向点 $z=x+\mathrm{i}y$ 的平面向量一一对应,因此复数 z 也能用向量 $\boldsymbol{OP}$ 来表示(图 1-1). 向量的长度称为 z 的模或绝对值,记为 $|z|$ 或 r,即

$$|z|=r=\sqrt{x^2+y^2}. \tag{1-1}$$

显然,下列各式成立:$|x|\leqslant|z|$,$|y|\leqslant|z|$,$|z|\leqslant|x|+|y|$.

注:绝对值在实数中表示两个数之间的距离,从而可以描述两数之间的接近程度,复数的模同样有此作用.

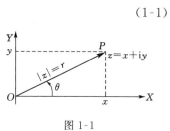

图 1-1

在 $z \neq 0$ 的情况下,以正实轴为始边,以 **OP** 为终边的角的弧度数 θ 称为 z 的辐角,记作 Arg z. 显然 Arg z 有无穷多个不同的值,把它们记作

$$\text{Arg } z = \theta + 2k\pi. \tag{1-2}$$

这里 k 为任意整数.

Arg z 中只有一个值 θ_0 满足条件 $-\pi < \theta_0 \leqslant \pi$,称为 z 的辐角主值,记作 arg z. 当 $z = 0$ 时,$|z| = 0$,认为辐角任意. 下面是对辐角主值公式的一个总结:

$$\arg z = \begin{cases} \arctan \dfrac{y}{x}, & \text{若 } x > 0, y \text{ 任意}; \\[2mm] \pm \dfrac{\pi}{2}, & \text{若 } x = 0, y \neq 0; \\[2mm] \arctan \dfrac{y}{x} + \pi, & \text{若 } x < 0, y > 0; \\[2mm] \arctan \dfrac{y}{x} - \pi, & \text{若 } x < 0, y < 0; \\[2mm] \pi, & \text{若 } x < 0, y = 0. \end{cases}$$

其中 $-\dfrac{\pi}{2} < \arctan \dfrac{y}{x} < \dfrac{\pi}{2}$.

利用直角坐标与极坐标的关系:$x = r\cos\theta, y = r\sin\theta$,还可以把 z 表示成下面的形式:

$$z = r(\cos\theta + i\sin\theta), \tag{1-3}$$

上式称为复数的三角表示式,再利用欧拉公式:$e^{i\theta} = \cos\theta + i\sin\theta$[①],又可以得到

$$z = re^{i\theta}, \tag{1-4}$$

上式称为复数的指数表示式. 复数的三种表示式可以相互转换,以适应研究不同问题时的需要.

【例 1-1】 将下列复数化为三角表示式与指数表示式.

(1) $z = -3 - 4i$;　　(2) $z = -\sin\dfrac{\pi}{5} + i\cos\dfrac{\pi}{5}$.

解 (1) 易知,$r = |z| = \sqrt{3^2 + 4^2} = 5$. 由于 z 在第三象限,则 z 对应的起点在原点的向量与负实轴所夹的锐角为:

$$\theta = \arctan\left|\dfrac{-4}{-3}\right| = \arctan\dfrac{4}{3}.$$

因而 z 的辐角主值为 arg $z = \arctan\dfrac{4}{3} - \pi$,故 z 的三角表示式为:

---

① 　其实,它是欧拉公式 $e^{iz} = \cos z + i\sin z$($z$ 为任意复数)的特殊情况.

$$z=5\left[\cos\left(\arctan\frac{4}{3}-\pi\right)+\mathrm{i}\sin\left(\arctan\frac{4}{3}-\pi\right)\right].$$

z 的指数表示式为：

$$z=5\mathrm{e}^{\left(\arctan\frac{4}{3}-\pi\right)\mathrm{i}}.$$

（2）显然，$r=|z|=1.$ 由于 z 在第二象限，则 z 对应的起点在原点的向量与负实轴所夹的锐角为：

$$\theta=\arctan\frac{\left|\cos\frac{\pi}{5}\right|}{\left|-\sin\frac{\pi}{5}\right|}=\arctan\left[\cot\frac{\pi}{5}\right]=\arctan\left[\tan\left(\frac{\pi}{2}-\frac{\pi}{5}\right)\right]=\frac{3}{10}\pi.$$

因而 z 的辐角主值 $\arg z=\pi-\theta=\frac{7}{10}\pi$，故 z 的三角表示式为：

$$z=\cos\frac{7}{10}\pi+\mathrm{i}\sin\frac{7}{10}\pi.$$

z 的指数表示式为：

$$z=\mathrm{e}^{\frac{7}{10}\pi\mathrm{i}}.$$

2. 复数的运算

对复数引进四则运算，即加、减、乘、除运算. 设 x_1,x_2,y_1,y_2 均为实数，复数的加法和乘法运算由下列等式定义：

$$(x_1+\mathrm{i}y_1)+(x_2+\mathrm{i}y_2)=(x_1+x_2)+\mathrm{i}(y_1+y_2). \tag{1-5}$$

$$(x_1+\mathrm{i}y_1)(x_2+\mathrm{i}y_2)=(x_1x_2-y_1y_2)+\mathrm{i}(x_2y_1+x_1y_2). \tag{1-6}$$

在式（1-6）中，把乘积展成"变数 i"的多项式，然后用 -1 代替 i^2，就得到方程右边的结果. 我们把减法和除法定义为加法和乘法的逆运算，于是有

$$(x_1+\mathrm{i}y_1)-(x_2+\mathrm{i}y_2)=(x_1-x_2)+\mathrm{i}(y_1-y_2). \tag{1-7}$$

$$\frac{x_1+\mathrm{i}y_1}{x_2+\mathrm{i}y_2}=\frac{(x_1+\mathrm{i}y_1)(x_2-\mathrm{i}y_2)}{(x_2+\mathrm{i}y_2)(x_2-\mathrm{i}y_2)}$$

$$=\frac{(x_1x_2+y_1y_2)}{x_2^2+y_2^2}+\mathrm{i}\frac{(x_2y_1-x_1y_2)}{x_2^2+y_2^2}\quad(x_2^2+y_2^2\neq0). \tag{1-8}$$

可以证明，复数的加、减、乘、除与实数的相应运算满足同样的一些法则（即满足结合律、交换律、分配律）.

两个复数 $x+\mathrm{i}y$ 与 $x-\mathrm{i}y$ 称为是（相互）共轭的. 习惯上，我们把 $x+\mathrm{i}y$ 用 z 表示，另一个则为 $\bar z$，称 $\bar z$ 为 z 的共轭复数. 从复平面上来看，点 z 和 $\bar z$ 关于实轴对称，且若 $y\neq0$ 时，$\arg z=-\arg\bar z$，另外，$z\bar z=|z|^2=|zz|$. 共轭复数还有以下性质，为了方便，我们省略证明.

（1）$\overline{z_1\pm z_2}=\overline{z_1}\pm\overline{z_2}$，$\overline{z_1z_2}=\overline{z_1}\,\overline{z_2}$，$\overline{\left(\frac{z_1}{z_2}\right)}=\frac{\overline{z_1}}{\overline{z_2}}$；

(2) $\overline{\overline{z}}=z$；

(3) $z\cdot\overline{z}=[\operatorname{Re}z]^2+[\operatorname{Im}z]^2$；

(4) $z+\overline{z}=2\operatorname{Re}z,z-\overline{z}=2\mathrm{i}\operatorname{Im}z$.

【例 1-2】 设 $z=-\dfrac{1}{\mathrm{i}}-\dfrac{3\mathrm{i}}{1-\mathrm{i}}$，求 $\operatorname{Re}z,\operatorname{Im}z$ 与 $z\overline{z}$.

解 因为 $z=-\dfrac{1}{\mathrm{i}}-\dfrac{3\mathrm{i}}{1-\mathrm{i}}=\dfrac{\mathrm{i}}{\mathrm{i}(-\mathrm{i})}-\dfrac{3\mathrm{i}(1+\mathrm{i})}{(1-\mathrm{i})(1+\mathrm{i})}$

$$=\mathrm{i}-\left(-\dfrac{3}{2}+\dfrac{3}{2}\mathrm{i}\right)=\dfrac{3}{2}-\dfrac{1}{2}\mathrm{i}.$$

所以 $\operatorname{Re}z=\dfrac{3}{2}$，$\operatorname{Im}z=-\dfrac{1}{2}$，$z\overline{z}=\left(\dfrac{3}{2}\right)^2+\left(-\dfrac{1}{2}\right)^2=\dfrac{5}{2}$.

容易验证，根据复数加减法的定义，复数 z_1 及 z_2 相加减与向量 z_1 及 z_2 相加减的规律一致，即满足平行四边形法则和三角形法则(图 1-2). 在物理学中，如力、速度、加速度等都可用向量来表示，这就说明了复数可以用来表示实有的物理量.

注:复数的乘法与向量的乘法运算规律不同.

另外，若把 z_1 及 z_2 看作是复平面上的两点，可知，$|z_1-z_2|$ 表示两点 z_1 及 z_2 之间的距离(图 1-3)，由图 1-2 和图 1-3，我们有

$$|z_1+z_2|\leqslant|z_1|+|z_2| \quad (三角不等式). \tag{1-9}$$

$$|z_1-z_2|\geqslant|z_1|-|z_2|. \tag{1-10}$$

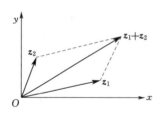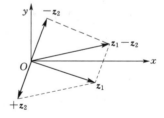

图 1-2

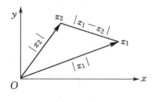

图 1-3

【例 1-3】 设 z_1, z_2 为两个任意的复数,用复数的运算证明式(1-9).

证 因为

$$
\begin{aligned}
|z_1+z_2|^2 &= (z_1+z_2)\overline{(z_1+z_2)} = (z_1+z_2)(\overline{z_1}+\overline{z_2}) \\
&= z_1\overline{z_1} + z_2\overline{z_2} + z_2\overline{z_1} + z_1\overline{z_2} \\
&= |z_1|^2 + |z_2|^2 + \overline{z_1\,\overline{z_2}} + z_1\,\overline{z_2} \\
&= |z_1|^2 + |z_2|^2 + 2\mathrm{Re}(z_1\,\overline{z_2}) \\
&\leqslant |z_1|^2 + |z_2|^2 + 2|z_1\,\overline{z_2}| \\
&= |z_1|^2 + |z_2|^2 + 2|z_1||z_2| \\
&= (|z_1|+|z_2|)^2.
\end{aligned}
$$

将上式两边同时开方,就得到所要证明的三角不等式.

下面我们重新考虑乘法.

设有两个复数 $z_1 = r_1(\cos\theta_1 + \mathrm{i}\sin\theta_1)$ 和 $z_2 = r_2(\cos\theta_2 + \mathrm{i}\sin\theta_2)$,利用复数的乘法定义可得:

$$
\begin{aligned}
z_1 z_2 &= r_1 r_2 (\cos\theta_1 + \mathrm{i}\sin\theta_1)(\cos\theta_2 + \mathrm{i}\sin\theta_2) \\
&= r_1 r_2 [(\cos\theta_1\cos\theta_2 - \sin\theta_1\sin\theta_2) + \\
&\quad\ \mathrm{i}(\sin\theta_1\cos\theta_2 + \cos\theta_1\sin\theta_2)] \\
&= r_1 r_2 [\cos(\theta_1+\theta_2) + \mathrm{i}\sin(\theta_1+\theta_2)].
\end{aligned}
\tag{1-11}
$$

如果用指数形式表示复数:

$$
z_1 = r_1 \mathrm{e}^{\mathrm{i}\theta_1}, \quad z_2 = r_2 \mathrm{e}^{\mathrm{i}\theta_2},
$$

那么式(1-11)可以表示为:

$$
z_1 z_2 = r_1 r_2 \mathrm{e}^{\mathrm{i}(\theta_1+\theta_2)}.
\tag{1-12}
$$

同样由复数的除法定义我们可以证明:

$$
\frac{z_2}{z_1} = \frac{r_2}{r_1}\mathrm{e}^{\mathrm{i}(\theta_2-\theta_1)} \quad (r_1 \neq 0).
\tag{1-13}
$$

接着,我们考虑复数的乘幂和方根.设 n 是正整数,n 个相同复数 z 的乘积称为 z 的 n 次幂,记作 z^n.若 $z = r\mathrm{e}^{\mathrm{i}\theta}$,那么由式(1-12)递推可得:

$$
z^n = r^n(\cos n\theta + \mathrm{i}\sin n\theta).
\tag{1-14}
$$

如果我们定义 $z^{-n} = \dfrac{1}{z^n}$,那么当 n 为负整数时式(1-14)也是成立的.(作为练习,请读者自己证明)

特别,在式(1-14)中取 $r=1$,我们就得到著名的棣莫弗(De Moivre)公式:

$$
(\cos\theta + \mathrm{i}\sin\theta)^n = (\cos n\theta + \mathrm{i}\sin n\theta).
\tag{1-15}
$$

如果 $n(\geqslant 2)$ 是正整数,定义 $\sqrt[n]{z}$ 是满足 $\omega^n = z$ 的复数 ω,那么由式(1-14)可推导出:

$$\omega = \sqrt[n]{z} = \sqrt[n]{r}\left(\cos\frac{\theta+2k\pi}{n}+\mathrm{isin}\frac{\theta+2k\pi}{n}\right). \tag{1-16}$$

当 $k=0,1,2,\cdots,n-1$ 时,得到 n 个相异的根,当 k 以其他整数值代入时,这些根又重复出现. 在几何上,可以看出 $\sqrt[n]{z}$ 的 n 个值就是以原点为中心,$\sqrt[n]{r}$ 为半径的圆内接正 n 边形的 n 个顶点.

【例 1-4】 求 $\sqrt[4]{1+\mathrm{i}}$ 的所有值.

解 由于 $1+\mathrm{i}=\sqrt{2}\left(\cos\frac{\pi}{4}+\mathrm{isin}\frac{\pi}{4}\right)$,有

$$\sqrt[4]{1+\mathrm{i}}=\sqrt[8]{2}\left[\cos\frac{1}{4}\left(\frac{\pi}{4}+2k\pi\right)+\mathrm{isin}\frac{1}{4}\left(\frac{\pi}{4}+2k\pi\right)\right]$$

$$=\sqrt[8]{2}\left(\cos\frac{\pi}{16}+\mathrm{isin}\frac{\pi}{16}\right)\left(\cos\frac{k\pi}{2}+\mathrm{isin}\frac{k\pi}{2}\right)\quad(k=0,1,2,3).$$

因此,若记 $\omega_0=\sqrt[8]{2}\left(\cos\frac{\pi}{16}+\mathrm{isin}\frac{\pi}{16}\right)$,则其余 3 个根为 $\mathrm{i}\omega_0,-\omega_0,-\mathrm{i}\omega_0$.

即,

$$\omega_1=\sqrt[8]{2}\left(\cos\frac{9}{16}\pi+\mathrm{isin}\frac{9}{16}\pi\right),$$

$$\omega_2=\sqrt[8]{2}\left(\cos\frac{17}{16}\pi+\mathrm{isin}\frac{17}{16}\pi\right),$$

$$\omega_3=\sqrt[8]{2}\left(\cos\frac{25}{16}\pi+\mathrm{isin}\frac{25}{16}\pi\right).$$

3. 复数方程

下面的两个例子表明,平面图形能用复数形式的方程(或不等式)来表示,反过来也可以由给定的复数形式的方程(或不等式)来确定它所表示的平面图形.

【例 1-5】 将通过两点 $z_1=x_1+\mathrm{i}y_1$ 与 $z_2=x_2+\mathrm{i}y_2$ 的直线用复数形式的方程表示.

解 我们知道,通过点 (x_1,y_1) 与 (x_2,y_2) 的直线可以用参数方程表示为:

$$\begin{cases}x=x_1+t(x_2-x_1),\\y=y_1+t(y_2-y_1),\end{cases}\quad(-\infty<t<+\infty).$$

因此,它的复数形式参数方程为:

$$z=z_1+t(z_2-z_1),\quad(-\infty<t<+\infty).$$

由此可知,由 z_1 到 z_2 的直线段参数方程可以写成:

$$z = z_1 + t(z_2 - z_1), \quad (0 \leqslant t \leqslant 1).$$

取 $t = \dfrac{1}{2}$，可知以 $z_1 z_2$ 为端点的线段中点为：

$$z = \frac{z_1 + z_2}{2}.$$

【例 1-6】　求下列方程所表示的曲线：(1) $|z + \mathrm{i}| = 2$；(2) $\mathrm{Im}(\mathrm{i} + \overline{z}) = 4$.

　　解　(1) 在几何上可以看出，方程 $|z + \mathrm{i}| = 2$ 表示所有与点 $-\mathrm{i}$ 距离为 2 的点所形成的轨迹，即中心为 $-\mathrm{i}$、半径为 2 的圆[图 1-4(a)]. 下面用代数方法求出该圆的直角坐标方程.

　　设 $z = x + \mathrm{i}y$，方程变为 $|x + (y + 1)\mathrm{i}| = 2$，也就是 $\sqrt{x^2 + (y+1)^2} = 2$ 或 $x^2 + (y+1)^2 = 4$.

　　(2) 设 $z = x + y\mathrm{i}$，那么 $\mathrm{i} + \overline{z} = x + (1 - y)\mathrm{i}$，所以 $\mathrm{Im}(\mathrm{i} + \overline{z}) = 1 - y$，从而可得所求曲线的直角坐标方程为 $y = -3$，这是一条平行于 x 轴的直线，如图 1-4(b) 所示.

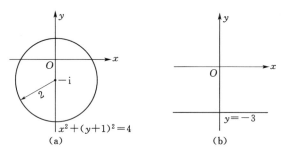

图 1-4

§1.2　区　　域

1. 区域的概念

　　已知圆：$|z - z_0| < \delta$ 内部点的集合称为 z_0 的邻域[1]，而称由不等式 $0 < |z - z_0| < \delta$ 所确定的点集为 z_0 的去心邻域.

---

　　[1]　包括无穷远点自身在内且满足 $|z| > M$ 的所有点的集合，称为无穷远点的邻域. 其中实数 $M > 0$. 换句话说，无穷远点的邻域是包括无穷远点自身在内的圆 $|z| = M$ 的外部. 不包括无穷远点自身在内的圆 $|z| = M$ 的外部的点的集合，称为无穷远点的去心邻域，可表示为 $M < |z| < +\infty$.

如果平面点集 D 中的任意一点都存在一个全部含于 D 的邻域，那么称 D 为开集.

如果 D 中的任何两点都可以用完全属于 D 的折线连接起来（图 1-5），那么称 D 是连通的集合.

连通的开集称为区域. 如果区域 D 可以被包含在一个以原点为中心的圆内，那么称 D 为有界区域，否则称 D 为无界区域.

如果平面上的点 $P \notin D$ 任意小的邻域内总有集合 D 中的点，则点 P 称为 D 的边界点，D 的所有边界点组成区域 D 的边界，区域 D 与它的边界一起构成闭区域，记作 $\overline{D}$.

例如，满足不等式 $r_1 < |z-z_0| < r_2$ 的所有点构成一个有界区域，称为圆环域. 区域的边界由两个圆周 $|z-z_0|=r_1$ 和 $|z-z_0|=r_2$ 组成[图 1-6(a)]. 如果在圆环域内去掉一个（或几个）点，它仍然构成区域，只是区域的边界由两个圆周和一个（或几个）孤立的点组成[图 1-6(b)]. 这两个区域都是有界的，而圆的外部 $|z-z_0| > R$，上半平面 $\operatorname{Im} z > 0$，角形域 $0 < \arg z < \varphi$ 及带形域 $0 < \operatorname{Im} z < b$ 等都是无界区域.

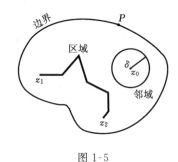

图 1-5

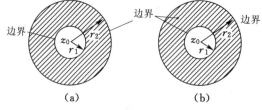

图 1-6

2. 单连通域与多连通域

先介绍几个有关平面曲线的概念.我们知道,设 $x(t)$ 和 $y(t)$ 是两个连续的一元实变函数,那么方程组

$$\begin{cases} x = x(t), \\ y = y(t), \end{cases} \quad (a \leqslant t \leqslant b)$$

代表一条平面曲线,称为连续曲线.如果令 $z(t) = x(t) + iy(t)$,那么该曲线就可以用一个方程

$$z = z(t) \quad (a \leqslant t \leqslant b)$$

来代表,这就是平面曲线的复数表示式.如果在区间 $a \leqslant t \leqslant b$ 上 $x'(t)$ 和 $y'(t)$ 都是连续的,且对于 t 的每一个值,有 $[x'(t)]^2 + [y'(t)]^2 \neq 0$,那么这条曲线称为光滑的.由几段依次相接的光滑曲线所组成的曲线称为按段光滑曲线.

设 $z = z(t) (a \leqslant t \leqslant b)$ 为一条连续曲线,$z(a)$ 和 $z(b)$ 分别称为 C 的起点与终点.对于满足 $a < t_1 < b, a < t_2 < b$ 的 t_1 和 t_2,当 $t_1 \neq t_2$ 而有 $z(t_1) = z(t_2)$ 时,点 $z(t_1)$ 称为曲线 C 的重点,没有重点的曲线,称为简单曲线或若尔当(Jordan)曲线[图 1-7(b)].如果简单曲线 C 的起点和终点重合,即 $z(a) = z(b)$,那么曲线 C 称为简单闭曲线[图 1-7(a)].由此可知,简单曲线自身不会相交.图 1-7(c)和图 1-7(d)所示都不是简单曲线.

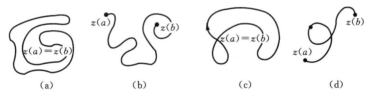

图 1-7

任意一条简单闭曲线 C 可以把整个复平面唯一地分成三个互不相交的点集,其中除去 C 以外,一个是有界区域,称为 C 的内部,另一个是无界区域,称为 C 的外部,C 为它们的公共边界.简单闭曲线的这一性质,其几何意义是很清楚的.

定义 1.1　复平面上的一个区域 B,如果在其中任作一条简单闭曲线,而曲线的内部总属于 B,就称 B 为单连通域[图 1-8(a)].一个区域如果不是单连通域,就称为多连通域[图 1-8(b)].

一条简单闭曲线的内部是单连通域[图 1-8(a)].单连通域 B 具有这样的特征:属于 B 的任意一条简单闭曲线,在 B 内可以经过连续的变形而缩成一点,而多连通域就不具有这样的特征.(注:在第 3 章我们会进一步解释此性质)

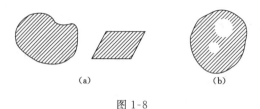

(a)   (b)

图 1-8

§1.3 复变函数、极限和连续性

1. 复变函数的定义

在某个变化过程中,对于任意一个 z,按照一定的对应法则,ω 都有唯一确定的值与之对应,则称 ω 为 z 的复变函数,记为 $\omega=f(z)$. 由于给定了一个复数 $z=x+iy$ 就相当于给定了两个实数 x 和 y,而复数 $\omega=u+iv$ 亦同样地对应着一对实数 u 和 v,所以复变函数 ω 和自变量 z 之间的关系 $\omega=f(z)$ 就相当于两个关系式: $u=u(x,y),v=v(x,y)$,它们确定了自变量为 x 和 y 的两个二元实变函数,分别称为实部函数和虚部函数.

例如,考察函数 $\omega=z^2$,令 $z=x+iy,\omega=u+iv$,那么
$$u+iv=(x+yi)^2=x^2-y^2+2xyi.$$
因而函数 $\omega=z^2$ 就对应于两个二元实变函数: $u=x^2-y^2,v=2xy$.

在高等数学中,我们常把实变函数用几何图形来表示,这些几何图形可以直观地帮助我们理解和研究函数的性质.然而,对于复变函数,由于它反映了两对变量 u,v 和 x,y 之间的对应关系,因而无法用同一个三维空间的几何图形表示出来,必须把它看成两个复平面上的点集之间的对应关系.

如果用 z 平面上的点表示自变量 z 的值,而用另一个平面(ω 平面)上的点表示函数 ω 的值,那么函数 $\omega=f(z)$ 在几何上就可以看成是把 z 平面上的一个点集 G(定义集合)变到 ω 平面上的一个点集 G^*(函数值集合)的映射(或变换).这个映射通常简称为由函数 $\omega=f(z)$ 所构成的映射.如果 G 中的点 z 被映射 $\omega=f(z)$ 映射成 G^* 中的点 ω,那么 ω 称为 z 的象,而 z 称为 ω 的原象.本书不再区分函数和映射(变换).

2. 复变函数的极限

定义 1.3 设函数 $\omega=f(z)$ 定义在 z_0 的去心邻域 $0<|z-z_0|<\rho$ 内.如果有一确定的数 A 存在,对于任意给定的 $\varepsilon>0$,相应地必有一正数 $\delta(\varepsilon)(0<\delta\leqslant\rho)$,使

得当 $0<|z-z_0|<\delta$ 时有 $|f(z)-A|<\varepsilon$,那么称 A 为 $f(z)$ 当 z 趋向于 z_0 时的极限,记作 $\lim\limits_{z \to z_0} f(z)=A$,或记作当 $z \to z_0$ 时, $f(z) \to A$(图 1-9).

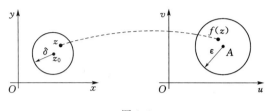

图 1-9

这个定义的几何意义是:当变点 z 进入 z_0 的半径为 δ 的、充分小的去心邻域时,它的象点 $f(z)$ 就落入 A 预先给定的 ε 邻域中.跟二元实变函数极限的几何意义相比十分类似.

具体来说,定义中 z 趋向于 z_0 的方式是任意的,就是说,无论 z 从什么方向,以何种方式趋向于 z_0, $f(z)$ 都要趋向于同一个常数 A,这比一元实变函数极限定义的要求苛刻得多(一元实变函数只有两个方向即只有左右极限).

定理 1.1　设 $f(z)=u(x,y)+\mathrm{i}v(x,y)$, $A=u_0+\mathrm{i}v_0$, $z_0=x_0+\mathrm{i}y_0$,那么 $\lim\limits_{z \to z_0} f(z)=A$ 的充要条件是

$$\lim\limits_{(x,y) \to (x_0,y_0)} u(x,y)=u_0, \qquad \lim\limits_{(x,y) \to (x_0,y_0)} v(x,y)=v_0.$$

证　如果 $\lim\limits_{z \to z_0} f(z)=A$,那么根据极限的定义,当 $0<|(x+\mathrm{i}y)-(x_0+\mathrm{i}y_0)|<\delta$ 时,有

$$|(u+\mathrm{i}v)-(u_0+\mathrm{i}v_0)|<\varepsilon,$$

或当 $0<\sqrt{(x-x_0)^2+(y-y_0)^2}<\delta$ 时,有

$$|(u+\mathrm{i}v)-(u_0+\mathrm{i}v_0)|<\varepsilon,$$

因此,当 $0<\sqrt{(x-x_0)^2+(y-y_0)^2}<\delta$ 时,有

$$|u-u_0|<\varepsilon, |v-v_0|<\varepsilon.$$

这就是说

$$\lim\limits_{(x,y) \to (x_0,y_0)} u(x,y)=u_0, \qquad \lim\limits_{(x,y) \to (x_0,y_0)} v(x,y)=v_0.$$

反之,如果上面两式成立,那么当 $0<\sqrt{(x-x_0)^2+(y-y_0)^2}<\delta$ 时,有

$$|u-u_0|<\frac{\varepsilon}{2}, |v-v_0|<\frac{\varepsilon}{2}.$$

而 $|f(z)-A|=|(u-u_0)+\mathrm{i}(v-v_0)| \leqslant |u-u_0|+|v-v_0|$,所以当 $0<|z-z_0|<\delta$ 时,有

$$|f(z)-A|<\frac{\varepsilon}{2}+\frac{\varepsilon}{2}=\varepsilon.$$

即

$$\lim_{z \to z_0} f(z) = A.$$

这个定理把求复变函数 $f(z)=u(x,y)+iv(x,y)$ 的极限问题转化为求二元实变函数 $u=u(x,y)$ 和 $v=v(x,y)$ 的极限问题.

根据定理 1.1 可知,下面的极限四则运算法则对于复变函数也成立.

定理 1.2 如果 $\lim\limits_{z \to z_0} f(z)=A$,$\lim\limits_{z \to z_0} g(z)=B$,那么

(1) $\lim\limits_{z \to z_0}[f(z) \pm g(z)]=A \pm B$;

(2) $\lim\limits_{z \to z_0} f(z)g(z)=AB$;

(3) $\lim\limits_{z \to z_0} \dfrac{f(z)}{g(z)} = \dfrac{A}{B}$ $(B \neq 0)$.

【**例 1-7**】 证明函数 $f(z)=\dfrac{\operatorname{Re} z}{|z|}$,当 $z \to 0$ 时的极限不存在.

证 令 $z=x+iy$,则

$$f(z) = \frac{x}{\sqrt{x^2+y^2}},$$

由此可得,$u(x,y)=\dfrac{x}{\sqrt{x^2+y^2}}$,$v(x,y)=0$.让 z 沿直线 $y=kx$ 趋向于零,有

$$\lim_{x \to 0,(y=kx)} u(x,y) = \lim_{x \to 0,(y=kx)} \frac{x}{\sqrt{x^2+y^2}} = \lim_{x \to 0} \frac{x}{\sqrt{(1+k^2)x^2}} = \pm \frac{1}{\sqrt{1+k^2}}.$$

从而,它随 k 的不同而不同,所以 $\lim\limits_{(x,y) \to (0,0)} u(x,y)$ 是不存在的. 虽然 $\lim\limits_{(x,y) \to (0,0)} v(x,y)=0$,但根据定理 1.1,$\lim\limits_{z \to z_0} f(z)$ 不存在.

3. 复变函数的连续性

定义 1.4 如果 $\lim\limits_{z \to z_0} f(z)=f(z_0)$,则称 $f(z)$ 在 z_0 处连续. 如果 $f(z)$ 在区域 D 内处处连续,那么称 $f(z)$ 是 D 内的连续函数.

根据这个定义和上述定理 1.1,容易证明下面的定理 1.3.

定理 1.3 函数 $f(z)=u(x,y)+iv(x,y)$ 在 $z_0=x_0+iy_0$ 处连续的充要条件是 $u(x,y)$ 和 $v(x,y)$ 在 (x_0,y_0) 处连续.

例如,函数 $f(z)=\ln(x^2+y^2)+i(x^2-y^2)$ 在复平面内除原点外处处连续,这是因为 $u=\ln(x^2+y^2)$ 除原点外是处处连续的,而 $v=x^2-y^2$ 也是处处连

续的.

由定理 1.2 和定理 1.3,还可以推得定理 1.4.

定理 1.4　(1) 在 z_0 连续的两个函数 $f(z)$ 和 $g(z)$ 的和、差、积、商(分母在 z_0 处不为零)在 z_0 处仍连续;(2) 如果函数 $h = g(z)$ 在 z_0 连续,函数 $\omega = f(h)$ 在 $h_0 = g(z_0)$ 连续,那么复合函数 $\omega = f[g(z)]$ 在 z_0 处连续.

从以上这些定理,我们可以推得有理整函数(多项式)

$$\omega = P(z) = a_0 + a_1 z + a_2 z^2 + \cdots + a_n z^n$$

对复平面内的所有的 z 都是连续的,且有理分式函数

$$\omega = \frac{P(z)}{Q(z)},$$

其中,$P(z)$ 和 $Q(z)$ 都是多项式,在复平面内使分母不为零的点也是连续的.

习　　题

1. 求下列复数 z 的实部与虚部、共轭复数、模与辐角:

(1) $\dfrac{1}{2-3i}$;

(2) $\dfrac{(3+4i)(5+i)}{2i}$.

2. 当 x、y 等于什么实数时,等式 $\dfrac{x-1+i(y+2)}{4+3i} = 7+i$ 成立?

3. 将下列复数化为三角表示式和指数表示式:

(1) -1;

(2) $1 + i\sqrt{3}$.

4. 证明:$|z_1 + z_2|^2 + |z_1 - z_2|^2 = 2(|z_1|^2 + |z_2|^2)$,并说明其几何意义.

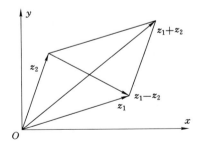

5. 求下列各式的值:

(1) $(\sqrt{3} - i)^3$;

(2) $(1-i)^7$；

(3) $\sqrt[6]{-1}$；

(4) $(1+i)^{\frac{1}{3}}$.

6. 指出下列各题中点 z 的轨迹或所在范围：

(1) $|z-1+i|=3$；

(2) $\mathrm{Re}(z+2)=-1$；

(3) $|z+3|+|z+1|=4$；

(4) $0<\arg z<\pi$；

(5) $\arg(z-i)=\dfrac{\pi}{6}$.

7. 证明复平面上的圆周方程可写成：$z\bar{z}+\bar{a}z+a\bar{z}+c=0$（其中，$a$ 为复常数，c 为实常数）.

8. 将下列方程（t 为实参数）给出的曲线用一个实直角坐标方程表示出来：

(1) $z=1+t(1+i)$；

(2) $z=a\cos t+ib\sin t$,（a,b 为实常数）.

9. 函数 $w=\dfrac{1}{z}$ 是怎样把下列 z 平面上的曲线映射成 w 平面上曲线的？

(1) $x^2+y^2=4$；

(2) $y=x$；

(3) $x=1$；

(4) $(x-1)^2+y^2=1$.

10. 已知映射 $w=z^3$，求：

(1) 点 $z_1=i,z_2=1+i,z_3=\sqrt{3}+i$ 在 w 平面上的象；

(2) 区域 $0<\arg z<\dfrac{\pi}{3}$ 在 w 平面上的象.

11. 试证明 $\arg z$ 在原点与负实轴上不连续.

第 2 章　解析函数及初等函数

§2.1　解析函数的概念

1. 导数与微分

定义 2.1　设函数 $w = f(z)$ 定义在区域 D 内,并且 $z_0, z_0 + \Delta z \in D$,如果极限

$$\lim_{\Delta z \to 0} \frac{f(z_0 + \Delta z) - f(z_0)}{\Delta z}$$

存在,则称 $f(z)$ 在 z_0 处可导,极限值称为 $f(z)$ 在 z_0 处的导数,记作

$$f'(z_0) = \frac{\mathrm{d}w}{\mathrm{d}z}\bigg|_{z=z_0} = \lim_{\Delta z \to 0} \frac{f(z_0 + \Delta z) - f(z_0)}{\Delta z}. \tag{2-1}$$

导数定义也可以用 $\varepsilon\delta$ 语言描述:如果任意给 $\varepsilon > 0$,可以找到一个与 ε 有关的正数 $\delta = \delta(\varepsilon) > 0$,使得当 $0 < |\Delta z| < \delta$ 时,

$$\left| \frac{f(z_0 + \Delta z) - f(z_0)}{\Delta z} - f'(z_0) \right| < \varepsilon.$$

定义中 $z_0 + \Delta z \to z_0$(即 $\Delta z \to 0$)的方式是任意的,定义中极限值存在的要求与 $z_0 + \Delta z \to z_0$ 的方式无关. 若 $f(z)$ 在 D 内每一点都可导,则称 $f(z)$ 是 D 内可导函数.

【例 2-1】　求 $f(z) = z^2$ 的导数.

解　因为

$$\lim_{\Delta z \to 0} \frac{f(z + \Delta z) - f(z)}{\Delta z} = \lim_{\Delta z \to 0} \frac{(z + \Delta z)^2 - z^2}{\Delta z}$$
$$= \lim_{\Delta z \to 0} (2z + \Delta z) = 2z,$$

所以

$$f'(z) = 2z.$$

【例 2-2】　求 $f(z) = \dfrac{1}{z}$ 的导数.

解 当 $z \neq 0$ 时,有

$$\lim_{\Delta z \to 0} \frac{f(z+\Delta z)-f(z)}{\Delta z} = \lim_{\Delta z \to 0} \frac{\frac{1}{\Delta z+z}-\frac{1}{z}}{\Delta z} = \lim_{\Delta z \to 0} \frac{-1}{(\Delta z+z)z} = -\frac{1}{z^2}.$$

所以

$$f'(z) = -\frac{1}{z^2}.$$

此外,还可以很容易证明:函数在一个点可导必然在这个点连续;反之,函数在一点上连续不一定在该点上可导.

事实上,根据在 z_0 可导的定义,对于任意给的 $\varepsilon > 0$,相应地有一个 $\delta = \delta(\varepsilon) > 0$,使得当 $0 < |\Delta z| < \delta$ 时,有

$$\left| \frac{f(z_0+\Delta z)-f(z_0)}{\Delta z} - f'(z_0) \right| < \varepsilon.$$

令

$$\rho(\Delta z) = \frac{f(z_0+\Delta z)-f(z_0)}{\Delta z} - f'(z_0),$$

那么

$$\lim_{\Delta z \to 0} \rho(\Delta z) = 0.$$

由此得

$$f(z_0+\Delta z) - f(z_0) = f'(z_0)\Delta z + \rho(\Delta z)\Delta z \tag{2-2}$$

所以

$$\lim_{\Delta z \to 0} f(z_0+\Delta z) = f(z_0),$$

即 $f(z)$ 在 z_0 处连续.

几个求导公式与法则如下:

(1) $(c)' = 0$,其中 c 为复常数.

(2) $(z^n)' = nz^{n-1}$,其中 n 为正整数.

(3) $[f(z) \pm g(z)]' = f'(z) \pm g'(z)$.

(4) $[f(z)g(z)]' = f'(z)g(z) + f(z)g'(z)$.

(5) $\left[\dfrac{f(z)}{g(z)}\right]' = \dfrac{f'(z)g(z)-f(z)g'(z)}{[g(z)]^2}$,其中 $g(z) \neq 0$.

(6) $\{f[g(z)]\}' = f'(w)g'(z)$,其中 $w = g(z)$.

(7) $f'(z) = \dfrac{1}{\varphi'(w)}$,其中 $w = f(z)$ 与 $z = \varphi(w)$ 是两个互为反函数的单值函数,且 $\varphi'(w) \neq 0$.

定义 2.2 设函数 $f(z)$ 在 z_0 处可导,则由式(2-2)可知

$$\Delta w = f(z_0 + \Delta z) - f(z_0) = f'(z_0)\Delta z + \rho(\Delta z)\Delta z,$$

其中, $\lim\limits_{\Delta z \to 0}\rho(\Delta z) = 0$. 因此, $|\rho(\Delta z)\Delta z|$ 是 $|\Delta z|$ 的高阶无穷小量, 而 $f'(z_0)\Delta z$ 是函数 $w = f(z)$ 的改变量 Δw 的线性部分, 称 $f'(z_0)\Delta z$ 为函数 $w = f(z)$ 在点 z_0 的微分, 记作

$$\mathrm{d}w = f'(z_0)\Delta z \qquad\qquad (2\text{-}3)$$

如果函数在 z_0 处的微分存在, 则称函数 $f(z)$ 在 z_0 处可微.

特别, 当 $f(z) = z$ 时, 由式(2-3)得 $\mathrm{d}z = \Delta z$, 于是式(2-3)变为

$$\mathrm{d}w = f'(z_0)\mathrm{d}z,$$

即

$$f'(z_0) = \frac{\mathrm{d}w}{\mathrm{d}z}\Big|_{z=z_0}.$$

如果 $f(z)$ 在区域 D 内处处可微, 则称 $f(z)$ 是 D 内可微函数.

2. 解析函数的概念

定义 2.3 如果函数 $f(z)$ 在 z_0 及 z_0 的某个邻域内处处可导, 则称 $f(z)$ 在 z_0 处解析; 如果 $f(z)$ 在区域 D 内处处解析, 则 $f(z)$ 在区域 D 内解析, 也称 $f(z)$ 是区域 D 内的解析函数.

如果 $f(z)$ 在 z_0 处不解析, 则称 z_0 为 $f(z)$ 的奇点.

解析性与可导性: 在一个点的可导性是一个局部概念, 而解析性是一个整体概念; 函数在一个点解析, 是指在这个点的某个邻域内可导, 因此在此点可导; 反之, 在一个点可导不能得到在这个点解析. 但是请大家注意, 函数在区域内解析与在区域内可导是等价的.

【例 2-3】 讨论下列函数的解析性.

(1) $f(z) = z^2$;   (2) $f(z) = \dfrac{1}{z}$;   (3) $f(z) = |z|^2$.

解 由解析函数的定义与本节的例 2-1、例 2-2 可知, 题目(1)在复平面内是解析的; 题目(2)除去 $z = 0$ 外是解析的, $z = 0$ 是奇点. 下面讨论题目(3)的解析性.

由于

$$\frac{f(z_0 + \Delta z) - f(z_0)}{\Delta z} = \frac{|z_0 + \Delta z|^2 - |z_0|^2}{\Delta z}$$

$$= \frac{(z_0 + \Delta z)(\overline{z_0} + \overline{\Delta z}) - z_0\,\overline{z_0}}{\Delta z} = \overline{z_0} + \overline{\Delta z} + z_0\frac{\overline{\Delta z}}{\Delta z}.$$

显而易见, 如果 $z_0 = 0$, 则当 $\Delta z \to 0$ 时, 上式的极限是零; 如果 $z_0 \neq 0$, 令 $z_0 + \Delta z$

沿直线 $y-y_0=k(x-x_0)$ 趋于 z_0. 由于 k 的任意性,

$$\frac{\overline{\Delta z}}{\Delta z}=\frac{\Delta x-\Delta y\mathrm{i}}{\Delta x+\Delta y\mathrm{i}}=\frac{1-k\mathrm{i}}{1+k\mathrm{i}},$$

不趋于一个确定的值,所以当 $\Delta z\to0$ 时,$\lim\limits_{\Delta z\to0}\dfrac{f(z_0+\Delta z)-f(z_0)}{\Delta z}$ 是不存在的.

因此,$f(z)=|z|^2$ 仅在 $z=0$ 处可导且导数为 0,由定义可知,它在复平面内处处不解析.

根据求导法则,可以证明下列定理和推论.

定理 2.1 (1) 区域 D 内解析的两个函数的和、差、积、商(除去分母为零的点)在 D 内解析.(2) 设函数 $h=g(z)$ 在 z 平面上的区域 D 内解析,函数 $w=f(h)$ 在 h 平面上的区域 G 内解析.如果对 D 内的每一个点 z,函数 $g(z)$ 的对应值 h 都属于 G,则复合函数 $w=f[g(z)]$ 在 D 内解析.

推论 所有多项式在整个复平面内解析,任意一个有理分式函数 $\dfrac{P(z)}{Q(z)}$ 在不含分母为零的点的区域内是解析函数,使分母为零的点是它的奇点.

§2.2 函数解析的充要条件

可微复变函数的实部与虚部满足下面的定理.

定理 2.2 设函数 $f(z)=u(x,y)+\mathrm{i}v(x,y)$ 在区域 D 内有定义,那么 $f(z)$ 在点 $z=x+\mathrm{i}y\in D$ 可导的充要条件是:

(1) 实部 $u(x,y)$ 和虚部 $v(x,y)$ 在 (x,y) 处可微;

(2) $u(x,y)$ 和 $v(x,y)$ 满足柯西-黎曼方程(简称 C-R 条件)

$$\frac{\partial u}{\partial x}=\frac{\partial v}{\partial y},\frac{\partial u}{\partial y}=-\frac{\partial v}{\partial x}. \tag{2-4}$$

证 必要性:设 $f(z)$ 在 $z=x+\mathrm{i}y\in D$ 有导数 $\alpha=a+\mathrm{i}b$,根据导数的定义,当 $z+\Delta z\in D(\Delta z\neq0)$ 时,有

$$f(z+\Delta z)-f(z)=\alpha\Delta z+o(|\Delta z|)=(a+\mathrm{i}b)(\Delta x+\mathrm{i}\Delta y)+o(|\Delta z|).$$

其中,$\Delta z=\Delta x+\mathrm{i}\Delta y$. 比较上式的实部与虚部,得

$$u(x+\Delta x,y+\Delta y)-u(x,y)=a\Delta x-b\Delta y+o(|\Delta z|),$$
$$v(x+\Delta x,y+\Delta y)-v(x,y)=b\Delta x+a\Delta y+o(|\Delta z|).$$

因此,由实变二元函数的可微性定义知,$u(x,y),v(x,y)$ 在点 (x,y) 处可微,并且有

$$\frac{\partial u}{\partial x}=a,\frac{\partial u}{\partial y}=-b,\frac{\partial v}{\partial x}=b,\frac{\partial v}{\partial y}=a.$$

因此,柯西-黎曼方程成立.

充分性:设 $u(x,y)$,$v(x,y)$ 在点 (x,y) 处可微,并且有柯西-黎曼方程成立.

$$\frac{\partial u}{\partial x}=\frac{\partial v}{\partial y},\frac{\partial u}{\partial y}=-\frac{\partial v}{\partial x}.$$

设 $\frac{\partial u}{\partial x}=a$,$\frac{\partial v}{\partial x}=b$,则由可导性的定义,有:

$$u(x+\Delta x,y+\Delta y)-u(x,y)=a\Delta x-b\Delta y+o(|\Delta z|),$$
$$v(x+\Delta x,y+\Delta y)-v(x,y)=b\Delta x+a\Delta y+o(|\Delta z|).$$

令 $\Delta z=\Delta x+\mathrm{i}\Delta y$,当 $z+\Delta z\in D(\Delta z\neq 0)$ 时,有

$$f(z+\Delta z)-f(z)=(a+\mathrm{i}b)(\Delta x+\mathrm{i}\Delta y)+o(|\Delta z|).$$

令 $\alpha=a+\mathrm{i}b$,则有

$$\lim_{\Delta z\to 0}\frac{f(z+\Delta z)-f(z)}{\Delta z}=\lim_{\Delta z\to 0}\left[\alpha+\frac{o(|\Delta z|)}{\Delta z}\right]=\alpha.$$

所以,$f(x,y)$ 在点 $z=x+\mathrm{i}y\in D$ 可导.

定理 2.3　函数 $f(z)=u(x,y)+\mathrm{i}v(x,y)$ 在区域 D 内解析的充要条件是:

(1) 实部 $u(x,y)$ 和虚部 $v(x,y)$ 在区域 D 内可微;

(2) $u(x,y)$ 和 $v(x,y)$ 在区域 D 内满足柯西-黎曼方程

$$\frac{\partial u}{\partial x}=\frac{\partial v}{\partial y},\frac{\partial u}{\partial y}=-\frac{\partial v}{\partial x}. \tag{2-5}.$$

关于柯西-黎曼方程,有下面的说明:解析函数的实部与虚部不是完全独立的,其解析函数的导数形式为

$$f'(z)=\frac{\partial u}{\partial x}+\mathrm{i}\frac{\partial v}{\partial x}=\frac{\partial v}{\partial y}-\mathrm{i}\frac{\partial u}{\partial y}. \tag{2-6}$$

【例 2-4】　讨论下列函数的可导性与解析性.

(1) $f(z)=\bar{z}$;　　(2) $f(z)=(\bar{z})^2$;　　(3) $f(z)=\mathrm{e}^x(\cos y+\mathrm{i}\sin y)$.

解　(1) 因为 $u=x$,$v=-y$,有

$$\frac{\partial u}{\partial x}=1,\frac{\partial u}{\partial y}=0,$$

$$\frac{\partial v}{\partial x}=0,\frac{\partial v}{\partial y}=-1.$$

可知柯西-黎曼方程不满足,所以 $f(z)=\bar{z}$ 在复平面内处处不可导,处处不解析.

(2) 因为 $u=x^2-y^2$,$v=-2xy$,有

$$\frac{\partial u}{\partial x}=2x, \frac{\partial u}{\partial y}=-2y,$$

$$\frac{\partial v}{\partial x}=-2y, \frac{\partial v}{\partial y}=-2x.$$

可知这四个偏导数处处连续,但是只有在 $x=y=0$ 时才满足柯西-黎曼方程,因而,函数 $f(z)=(\bar{z})^2$ 仅在 $z=0$ 时可导,但在复平面内处处不解析.

(3) 因为 $u=e^x\cos y, v=e^x\sin y$,

$$\frac{\partial u}{\partial x}=e^x\cos y, \frac{\partial u}{\partial y}=-e^x\sin y,$$

$$\frac{\partial v}{\partial x}=e^x\sin y, \frac{\partial v}{\partial y}=e^x\cos y,$$

从而

$$\frac{\partial u}{\partial x}=\frac{\partial v}{\partial y}, \frac{\partial u}{\partial y}=-\frac{\partial v}{\partial x}.$$

并且上面四个偏导数处处连续,所以 $f(z)=e^x(\cos y+i\sin y)$ 在复平面内处处可导,处处解析,并且根据式(2-6),有

$$f'(z)=e^x(\cos y+i\sin y)=f(z).$$

【例 2-5】 证明:如果 $f'(z)$ 在区域 D 内处处为零,那么 $f(z)$ 在区域 D 内为一常数.

证 因为 $f'(z)=\dfrac{\partial u}{\partial x}+i\dfrac{\partial v}{\partial x}=\dfrac{\partial v}{\partial y}-i\dfrac{\partial u}{\partial y}=0$,故

$$\frac{\partial u}{\partial x}=\frac{\partial u}{\partial y}=\frac{\partial v}{\partial x}=\frac{\partial v}{\partial y}=0,$$

所以 $u=$ 常数,$v=$ 常数,因而 $f(z)$ 在区域 D 内是常数.

§2.3 初 等 函 数

本节将把实变函数中的一些常用的初等函数延拓到复变函数的情形,研究这些初等函数的性质,并说明它们的解析性.

1. 指数函数

为了将高等数学中的指数函数推广到复变函数的情形,我们很自然地想到在复平面内定义一个函数,使它满足下列 3 个条件:

(1) $f(z)$ 在复平面内处处解析;

(2) $f'(z)=f(z)$;

(3) 当 $\text{Im } z=0$ 时,$f(z)=e^x$,其中 $x=\text{Re } z$.

在本章第 2 节例 2-4(3)中已经知道,函数
$$f(z)=\mathrm{e}^x(\cos y+\mathrm{i}\sin y)$$
是一个在复平面内处处解析的函数,并且有 $f'(z)=f(z)$,而且当 $\mathrm{Im}\ z=0$ 时,$f(z)=\mathrm{e}^x$. 所以,这个函数是满足以上 3 个条件的函数,称为复变数 z 的指数函数,记作
$$\exp z=\mathrm{e}^x(\cos y+\mathrm{i}\sin y)$$
下面我们用微分方程的方法求证 $f(z)=\mathrm{e}^x(\cos y+\mathrm{i}\sin y)$.

令
$$\mathrm{e}^x=f(x,y)+\mathrm{i}g(x,y),$$
从而
$$\frac{\partial f}{\partial x}=\frac{\partial g}{\partial y},\frac{\partial f}{\partial y}=\frac{\partial g}{\partial x}.$$
又由于
$$\frac{\partial f}{\partial x}+\mathrm{i}\frac{\partial g}{\partial x}=f+\mathrm{i}g,$$
即
$$\frac{\partial f}{\partial x}=f,\frac{\partial g}{\partial x}=g,$$
从而
$$f(x,y)=\mathrm{e}^x f_1(y),g(x,y)=\mathrm{e}^x g_1(y),$$
进一步
$$\mathrm{e}^x\frac{\mathrm{d}f_1}{\mathrm{d}y}=-\mathrm{e}^x g_1(y),$$
于是
$$\mathrm{e}^x\frac{\mathrm{d}^2 f_1}{\mathrm{d}y^2}=-\mathrm{e}^x\frac{\mathrm{d}g_1}{\mathrm{d}y}=-\mathrm{e}^x f_1.$$
即 $f_1(y)$ 满足一阶微分方程
$$\frac{\mathrm{d}^2 f_1}{\mathrm{d}y^2}+f_1=0.$$
其通解为
$$f_1(y)=c_1\cos y+\sin y.$$
利用初始条件 $\mathrm{e}^0=1$,知
$$f_1(0)=1,f_1{}'(0)=0,$$
$$c_1=1,c_2=0,$$
从而
$$f_1(y)=\cos y.$$
类似,可得,
$$g_1(y)=\sin y,$$

从而

$$e^z = e^x(\cos y + i\sin y).$$

由定义易知：

（1）$|\exp z| = e^x$，$\text{Arg}(\exp z) = y + 2k\pi$，其中 k 为任意整数；

（2）$\exp z \neq 0$；

（3）$\exp z$ 服从加法定理，即 $\exp z_1 \cdot \exp z_2 = \exp(z_1 + z_2)$；

（4）$\exp z$ 具有周期性，周期是 $2k\pi i$，即 $\exp(z + 2k\pi i) = \exp z$，其中 k 为任意整数.

为方便起见，往往用 e^z 代替 $\exp z$，即

$$e^z = e^x(\cos y + i\sin y).$$

但必须注意，这里的 e^z 没有幂的意义，仅仅作为代替 $\exp z$ 的符号使用.

2. 对数函数

与实变函数一样，对数函数定义为指数函数的反函数. 把满足方程

$$e^w = z \quad (z \neq 0)$$

的函数 $w = f(z)$ 称为对数函数. 令 $w = u + iv$，$z = re^{i\theta}$，那么

$$e^{u+iv} = re^{i\theta},$$

所以

$$u = \ln r, v = \theta,$$

因此

$$w = \ln|z| + i\text{Arg } z.$$

由于 $\text{Arg } z$ 为多值函数，所以对数函数 $w = f(z)$ 为多值函数，并且每两个值相差 $2\pi i$ 的整数倍，记作

$$\text{Ln } z = \ln|z| + i\text{Arg } z.$$

如果规定上式中的 $\text{Arg } z$ 取主值 $\arg z$，则 $\text{Ln } z$ 为单值函数，记作 $\ln z$，称为 $\text{Ln } z$ 的主值，即 $\ln z = \ln|z| + i\arg z$，而其余各个值可由

$$\text{Ln } z = \ln z + 2k\pi i \quad (k = \pm 1, \pm 2, \cdots)$$

得到. 对于每一个固定的 k，上式为一单值函数，称为 $\text{Ln } z$ 的一个分支.

当 $z = x > 0$ 时，$\text{Ln } z$ 的主值 $\ln z = \ln x$，就是实变对数函数.

在实变函数中，负数无对数，这个事实在复数范围内不再成立，而且正实数的对数也是无穷多值的.

【例 2-6】 求 $\text{Ln } 2$，$\text{Ln}(-1)$ 以及与它们相应的主值.

解 因为 $\text{Ln } 2 = \ln 2 + 2k\pi i$，所以它的主值就是 $\ln 2$，而

$$\text{Ln}(-1) = \ln 1 + i\text{Arg}(-1) = (2k+1)\pi i \quad (k \text{ 为整数}),$$

所以它的主值就是 $\ln(-1)=\pi\mathrm{i}$.

利用辐角的相应性质,不难证明,复变对数函数保持了实变对数函数的基本性质,即

$$\operatorname{Ln}(z_1 z_2)=\operatorname{Ln} z_1+\operatorname{Ln} z_2,$$

$$\operatorname{Ln}\frac{z_1}{z_2}=\operatorname{Ln} z_1-\operatorname{Ln} z_2.$$

但应注意,这些等式应理解为两端可能取的函数值的全体是相同的.还应注意,等式

$$\operatorname{Ln} z^n=n\operatorname{Ln} z,$$

$$\operatorname{Ln}\sqrt[n]{z}=\frac{1}{n}\operatorname{Ln} z,$$

不再成立,其中 n 为大于 1 的正整数.

$\ln z$ 在除去原点及负实轴的平面内解析,并且 $(\ln z)'=\dfrac{1}{z}$.

3. 乘幂与幂函数

在高等数学中,如果 a 为正数,b 为实数,则乘幂可以表示为 $a^b=\mathrm{e}^{b\ln a}$,现在将它推广到复数的情形.

设 a 为不等于零的一个复数,b 为任意一个复数,定义乘幂 a^b 为 $\mathrm{e}^{b\operatorname{Ln} a}$,即

$$a^b=\mathrm{e}^{b\operatorname{Ln} a}.$$

根据定义,由于 $\operatorname{Ln} a$ 是多值的,因而一般情况下 a^b 也是多值的.

当 b 为整数时,由于

$$a^b=\mathrm{e}^{b\operatorname{Ln} a}=\mathrm{e}^{b[\ln|a|+\mathrm{i}(\arg a+2k\pi)]}=\mathrm{e}^{b(\ln|a|+\mathrm{i}\arg a)+2kb\pi\mathrm{i}}=\mathrm{e}^{b\ln a},$$

所以 a^b 具有单一的值.

当 $b=\dfrac{p}{q}$(p 和 q 为互质的整数,$q>0$)时,a^b 具有 q 个值.

【例 2-7】　求 $1^{\sqrt{2}}$ 和 i^{i} 的值.

解　$1^{\sqrt{2}}=\mathrm{e}^{\sqrt{2}\operatorname{Ln} 1}=\mathrm{e}^{2k\pi\mathrm{i}\sqrt{2}}=\cos(2k\pi\sqrt{2})+\mathrm{i}\sin(2k\pi\sqrt{2})(k=0,\pm1,\pm2,\cdots)$;

$\mathrm{i}^{\mathrm{i}}=\mathrm{e}^{\mathrm{i}\operatorname{Ln} \mathrm{i}}=\mathrm{e}^{\mathrm{i}\left(\frac{\pi}{2}\mathrm{i}+2k\pi\mathrm{i}\right)}=\mathrm{e}^{-\left(\frac{\pi}{2}+2k\pi\right)}\quad(k=0,\pm1,\pm2,\cdots)$.

如果 $a=z$ 为一复变数,就得到一般的幂函数 $w=z^b$. 当 $b=n,\dfrac{1}{n}$ 时,就分别得到通常的幂函数 $w=z^n$ 及 $z=w^n$ 的反函数 $w=z^{\frac{1}{n}}=\sqrt[n]{z}$.

$w=z^n$ 在复平面内是单值函数,并且 $(z^n)'=nz^{n-1}$.

$w=z^{\frac{1}{n}}=\sqrt[n]{z}$ 是一个多值函数,具有 n 个分支,各个分支在除去原点及负实

轴的平面内解析,并且

$$(z^{\frac{1}{n}})'=(\sqrt[n]{z})'=\frac{1}{n}z^{\frac{1}{n}-1}.$$

4. 三角函数和双曲函数

现在把余弦和正弦函数的定义推广到变数为复值的情形,定义如下:

$$\cos z=\frac{e^{iz}+e^{-iz}}{2},\sin z=\frac{e^{iz}-e^{-iz}}{2i}.$$

这样,对于复数而言,欧拉公式仍然成立,即

$$e^{iz}=\cos z+i\sin z. \tag{2-7}$$

根据定义易知,余弦和正弦函数具有以下性质:

(1) 余弦和正弦函数都是以 2π 为周期的周期函数,即

$$\cos(z+2\pi)=\cos z,\sin(z+2\pi)=\sin z;$$

(2) $\cos z$ 是偶函数, $\sin z$ 是奇函数;

(3) $(\cos z)'=-\sin z,(\sin z)'=\cos z$,因而它们都是复平面内的解析函数.

$|\sin z|\leqslant1,|\cos z|\leqslant1$ 在复数范围内不再成立.

其他复变数三角函数的定义如下:

$$\tan z=\frac{\sin z}{\cos z},\cot z=\frac{\cos z}{\sin z},$$

$$\sec z=\frac{1}{\cos z},\csc z=\frac{1}{\sin z}.$$

与三角函数 $\cos z$ 和 $\sin z$ 密切相关的是双曲函数.定义

$$\text{ch } z=\frac{e^z+e^{-z}}{2},\text{sh } z=\frac{e^z-e^{-z}}{2},\text{th } z=\frac{e^z-e^{-z}}{e^z+e^{-z}},$$

分别称为双曲余弦、双曲正弦和双曲正切函数.

ch z 和 sh z 都是以 $2\pi i$ 为周期的周期函数;ch z 是偶函数,sh z 是奇函数;并且它们都是复平面内的解析函数,导数分别为:

$$(\text{ch } z)'=\text{sh } z,(\text{sh } z)'=\text{ch } z.$$

5. 反三角函数和反双曲函数

反三角函数定义为三角函数的反函数.设

$$z=\cos w,$$

则称 w 为 z 的反余弦函数,记作

$$w=\text{Arccos } z.$$

Arccos z 的表达式为 Arccos $z=-\mathrm{i}\mathrm{Ln}(z+\sqrt{z^2-1})$，显然 Arccos z 是一个多值函数，它的多值性正是 cos z 的奇偶性和周期性的反映.

用同样的方法可以定义反正弦函数和反正切函数，并且

$$\mathrm{Arcsin}\ z=-\mathrm{i}\mathrm{Ln}(\mathrm{i}z+\sqrt{1-z^2}),$$

$$\mathrm{Arctan}\ z=-\frac{\mathrm{i}}{2}\mathrm{Ln}\frac{1+\mathrm{i}z}{1-\mathrm{i}z}.$$

反双曲函数定义为双曲函数的反函数，各反双曲函数的表达式为：

反双曲正弦

$$\mathrm{Arsh}\ z=\mathrm{Ln}(z+\sqrt{z^2+1}).$$

反双曲余弦

$$\mathrm{Arch}\ z=\mathrm{Ln}(z+\sqrt{z^2-1}).$$

反双曲正切

$$\mathrm{Arth}\ z=\frac{1}{2}\mathrm{Ln}\frac{1+z}{1-z}.$$

它们都是多值函数.

习　　题

1. 利用导数定义讨论下列复变函数的可导性与解析性：

(1) $\dfrac{1}{z}$；

(2) $\bar{z}\cdot z^2$.

2. 下列函数何处可导？何处解析？

(1) $f(z)=xy^2+\mathrm{i}x^2 y$；

(2) $f(z)=x^2+\mathrm{i}y^2$；

(3) $f(z)=(x-y)^2+2(x+y)\mathrm{i}$.

3. 求函数 $f(z)=\dfrac{z-2}{(z+1)^2(z^2+1)}$ 的奇点.

4. 解方程 cos $z=0$.

5. 求下列乘幂或对数的值：

(1) $\mathrm{e}^{2+\frac{\pi}{4}\mathrm{i}}$；

(2) $(1-\mathrm{i})^{1+\mathrm{i}}$；

(3) $\ln(3-4\mathrm{i})$.

第3章　复变函数的积分

微积分是复变函数的核心内容,而积分学是整个复变函数的基础.在本章,我们首先介绍复变函数积分的概念、性质以及柯西定理和柯西积分公式等几个重要的理论,然后证明解析函数具有高阶导数这个重要的结论.

§3.1　复积分的定义和简单性质

1. 曲线的方向

本书提到的曲线一般都指光滑或逐段光滑的平面曲线.若一段曲线的方程为 $y=f(x)$,则光滑指的是 $f'(x)$ 连续.若其方程为参数方程 $x=x(t)$ 和 $y=y(t)$,则光滑指的是 $x'(t)$ 和 $y'(t)$ 连续且 $\sqrt{(x'(t))^2+(y'(t))^2}\neq 0$. 由有限段光滑曲线衔接而成的曲线称为逐段光滑曲线. 折线就是最简单的逐段光滑曲线. 曲线的方向定义如下.

(1) 简单曲线:没有重点的曲线称为简单曲线. 图 3-1 中的(a)是简单曲线,而(b)则不是.简单曲线的方向由起点指向终点,所以规定了起点和终点就确定了它的方向.

(2) 围线:逐段光滑的简单闭曲线称为围线. 图 3-1 中的(c)是简单闭曲线,而(d)则不是.

如果沿着围线走,其所包围的区域在左边,则该方向称为正方向,一般情况下,就是逆时针方向.

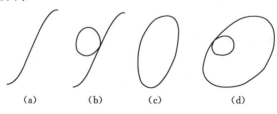

(a)　　　(b)　　　(c)　　　(d)

图 3-1

2. 复变函数的积分

设在复平面 C 上有一条连接 z_0 和 Z 两点的简单曲线 C,如图 3-2 所示.设 $f(z)=u(x,y)+\mathrm{i}v(x,y)$ 是在曲线 C 上的连续函数,其中 $u(x,y)$ 及 $v(x,y)$ 分别是 $f(z)$ 的实部及虚部.把曲线 C 用分点 $z_0,z_1,z_2,\cdots,z_{n-1},z_n=Z$ 分成 n 个更小的弧,在这里分点 $z_k(k=0,1,2,\cdots,n)$ 是在曲线 C 上按从 z_0 到 Z 的次序排列的.如果 ζ_k 是 z_{k-1} 到 z_k 的弧上任意一点,那么和式

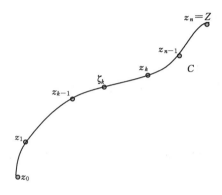

图 3-2

$$\sum_{k=1}^{n} f(\zeta_k)(z_k - z_{k-1})$$

可以写成

$$\sum_{k=1}^{n} \left[u(\xi_k,\eta_k) + \mathrm{i}v(\xi_k,\eta_k) \right] \left[(x_k - x_{k-1}) + \mathrm{i}(y_k - y_{k-1}) \right]$$

或者

$$\sum_{k=1}^{n} u(\xi_k,\eta_k)(x_k - x_{k-1}) - \sum_{k=1}^{n} v(\xi_k,\eta_k)(y_k - y_{k-1}) +$$
$$\mathrm{i}\left[\sum_{k=1}^{n} v(\xi_k,\eta_k)(x_k - x_{k-1}) + \sum_{k=1}^{n} u(\xi_k,\eta_k)(y_k - y_{k-1}) \right],$$

在这里 x_k、y_k 及 ξ_k、η_k 分别表示 z_k 与 ζ_k 的实部与虚部.

按照实变函数线积分的结果,当曲线 C 上的分点 z_k 的个数无穷增加,而且 $\max\{|z_k - z_{k-1}| = \sqrt{(x_k - x_{k-1})^2 + (y_k - y_{k-1})^2} \to 0 \mid k=1,2,\cdots,n\} \to 0$ 时,上面的 4 个式子分别有极限:

$$\int_C u(x,y)\mathrm{d}x, \int_C v(x,y)\mathrm{d}y, \int_C v(x,y)\mathrm{d}x, \int_C u(x,y)\mathrm{d}y,$$

这时,原和式极限为 $\int_C u(x,y)\mathrm{d}x - v(x,y)\mathrm{d}y + \mathrm{i}\int_C v(x,y)\mathrm{d}x + u(x,y)\mathrm{d}y$,这个极限称为函数 $f(z)$ 沿曲线 C 的积分,记为

$$\int_C f(z)\mathrm{d}z.$$

如果 C 是闭曲线,则记为 $\oint_C f(z)\mathrm{d}z$.

从而

$$\int_C f(z)\mathrm{d}z = \int_C u(x,y)\mathrm{d}x - v(x,y)\mathrm{d}y + \mathrm{i}\int_C v(x,y)\mathrm{d}x + u(x,y)\mathrm{d}y .$$

下面我们推导出更一般的计算方法.

根据第二型线积分的计算方法,设有向曲线 C 的参数方程为 $x = x(t)$, $y = y(t)(\alpha \leqslant t \leqslant \beta)$,正方向为参数增加的方向,则

$$\int_C f(z)\mathrm{d}z = \int_C u(x,y)\mathrm{d}x - v(x,y)\mathrm{d}y + \mathrm{i}\left[\int_C v(x,y)\mathrm{d}x + u(x,y)\mathrm{d}y\right]$$

$$= \int_\alpha^\beta \{u[x(t),y(t)]x'(t) - v[x(t),y(t)]y'(t)\}\mathrm{d}t$$

$$+ \mathrm{i}\int_\alpha^\beta \{v[x(t),y(t)]x'(t) + u[x(t),y(t)]y'(t)\}\mathrm{d}t$$

$$= \int_\alpha^\beta \{u[x(t),y(t)] + \mathrm{i}v[x(t),y(t)]\}\{x'(t) + \mathrm{i}y'(t)\}\mathrm{d}t$$

$$= \int_\alpha^\beta f[z(t)]z'(t)\mathrm{d}t ,$$

其中,$z(t) = x(t) + \mathrm{i}y(t)$,$z'(t) = x'(t) + \mathrm{i}y'(t)$.

【例 3-1】 设 C 是连接原点和 $3+\mathrm{i}$ 的直线段,计算 $\int_C z\mathrm{d}z$.

解 直线的方程为 $x = 3t$,$y = t$,即 $z(t) = 3t + \mathrm{i}t(0 \leqslant t \leqslant 1)$,所以

$$\int_C z\mathrm{d}z = \int_0^1 (3t + \mathrm{i}t)(3 + \mathrm{i})\mathrm{d}t = \frac{1}{2}(3+\mathrm{i})^2 t^2 \Big|_0^1 = \frac{1}{2}(3+\mathrm{i})^2.$$

3. 复变函数积分的基本性质

设 $f(z)$ 及 $g(z)$ 在简单曲线 C 上连续,则有:

(1) $\int_C \alpha f(z)\mathrm{d}z = \alpha \int_C f(z)\mathrm{d}z$,其中 α 是一个复常数.

(2) $\int_C [f(z) + g(z)]\mathrm{d}z = \int_C f(z)\mathrm{d}z + \int_C g(z)\mathrm{d}z.$

(3) $\int_C f(z)\mathrm{d}z = \int_{C_1} f(z)\mathrm{d}z + \int_{C_2} f(z)\mathrm{d}z + \cdots + \int_{C_n} f(z)\mathrm{d}z$,其中曲线 C 是

由光滑的曲线 $C_1, C_2, \cdots, C_n$ 连接而成的.

(4) $\int_{C^-} f(z)\mathrm{d}z = -\int_{C} f(z)\mathrm{d}z$,其中如果曲线用方程 $z = z(t)(t_0 \leqslant t \leqslant T)$ 表示,那么曲线 C^- 就由 $z = z(-t)(-T \leqslant t \leqslant -t_0)$ 给出,即积分是在相反的方向上取的.

如果 C 是一条简单闭曲线,那么可取 C 上任意一点作为积分的起点,并且当沿曲线 C 的积分方向改变时,所得积分相应变号.

(5) 如果在曲线 C 上,$|f(z)| < M$,而 L 是曲线 C 的长度,其中 M 及 L 都是有限的正数,那么有

$$\left| \int_{C} f(z)\mathrm{d}z \right| \leqslant ML.$$

证 因为 $\left| \sum_{k=1}^{n} f(\zeta_k)(z_k - z_{k-1}) \right| \leqslant M \sum_{k=1}^{n} |z_k - z_{k-1}| \leqslant ML$,两边取极限即可得结论.

【例 3-2】 设 C 是圆 $|z - \alpha| = \rho$,其中 α 是一个复数,ρ 是一个正数. 证明:按逆时针方向所取的积分为

$$\int_{C} \frac{\mathrm{d}z}{z - \alpha} = 2\pi\mathrm{i}.$$

证 令 $z - \alpha = \rho\mathrm{e}^{\mathrm{i}\theta},$
于是

$$\mathrm{d}z = \rho\mathrm{i}\mathrm{e}^{\mathrm{i}\theta}\mathrm{d}\theta,$$

从而

$$\int_{C} \frac{\mathrm{d}z}{z - \alpha} = \int_{0}^{2\pi} \mathrm{i}\mathrm{d}\theta = 2\pi\mathrm{i}.$$

【例 3-3】 设 C 是圆 $|z - \alpha| = \rho$,其中 α 是一个复数,ρ 是一个正数. 证明:按逆时针方向所取的积分为

$$\int_{C} \frac{\mathrm{d}z}{(z - \alpha)^{n+1}} = \begin{cases} 2\pi\mathrm{i}, & n = 0, \\ 0, & n \neq 0. \end{cases}$$

其中 n 为整数.

证 (1) 当 $n = 0$ 时,结论见例 3-2.

(2) 当 $n \neq 0$ 时,令 $z - \alpha = \rho\mathrm{e}^{\mathrm{i}\theta}$,于是
$$\mathrm{d}z = \rho\mathrm{i}\mathrm{e}^{\mathrm{i}\theta}\mathrm{d}\theta,$$

从而

$$\int_{C} \frac{\mathrm{d}z}{(z - \alpha)^{n+1}} = \int_{0}^{2\pi} \frac{\mathrm{i}\rho\mathrm{e}^{\mathrm{i}\theta}}{\rho^{n+1}\mathrm{e}^{\mathrm{i}(n+1)\theta}}\mathrm{d}\theta = \int_{0}^{2\pi} \frac{\mathrm{i}}{\rho^{n}\mathrm{e}^{\mathrm{i}n\theta}}\mathrm{d}\theta$$

$$= \int_0^{2\pi} \frac{\mathrm{i}e^{-\mathrm{i}n\theta}}{\rho^n} \mathrm{d}\theta$$

$$= \frac{\mathrm{i}}{\rho^n} \int_0^{2\pi} (\cos n\theta - \mathrm{i}\sin n\theta) \mathrm{d}\theta = 0,$$

结论成立.

这是一个重要的结果,这一结果与 α 和 ρ 的取值无关. 后面将证明,这一结果对任何包围 α 点的简单闭曲线都成立.

课堂习题 计算 $\int_C \bar{z} \mathrm{d}z$,其中 C 是上半单位圆 $z=1 \rightarrow z=-1$.(答案为 $\mathrm{i}\pi$)

§3.2 柯 西 定 理

定理 3.1 设 $f(z)$ 是单连通区域 D 上的解析函数.

(1) 设 C 是 D 内任一条简单闭曲线,那么

$$\oint_C f(z) \mathrm{d}z = 0,$$

其中,沿曲线 C 的积分是按逆时针方向取的.

(2) 设 C 是在 D 内连接 z_0 及 z 两点的任一条简单曲线,那么沿曲线 C 从 z_0 到 z 的积分值由 z_0 及 z 所确定,而不依赖于曲线 C,即与路径无关,这时,积分记为

$$\int_{z_0}^z f(\zeta) \mathrm{d}\zeta.$$

证 先证明(1)成立. 这是复变函数中最基本的定理.

如果假定 $f'(z)$ 连续,这时 $u、v$ 的一阶偏导数连续,可用格林公式,得

$$\oint_C f(z) \mathrm{d}z = -\iint_{D'} \left(\frac{\partial v}{\partial x} + \frac{\partial u}{\partial y}\right) \mathrm{d}x\mathrm{d}y + \mathrm{i}\iint_{D'} \left(\frac{\partial u}{\partial x} - \frac{\partial v}{\partial y}\right) \mathrm{d}x\mathrm{d}y.$$

其中,D' 是曲线 C 所围成的区域. 由 C-R 条件,上式右边的两个积分都是 0,故原式成立. 但我们知道,$f(z)$ 解析的定义只是说明 $f'(z)$ 存在,并不一定连续,所以上面证明的只是一种特殊情况.(一般情况下的证明较难,这里省略)

下面证明(2)成立. 设 C_1 是在 D' 内连接 z_0 及 z 两点的另一条简单曲线. 则 $C' = C + C_1$ 是 D' 内的一条简单闭曲线,由(1),有

$$\int_{C'} f(z) \mathrm{d}z = 0,$$

而

$$\int_{C'} f(z) \mathrm{d}z = \int_{C+C_1^-} f(z) \mathrm{d}z$$

$$= \int_C f(z)\mathrm{d}z + \int_{C_1^-} f(z)\mathrm{d}z$$

$$= \int_C f(z)\mathrm{d}z - \int_{C_1} f(z)\mathrm{d}z,$$

$$\int_C f(z)\mathrm{d}z = \int_{C_1} f(z)\mathrm{d}z,$$

所以,定理的结论成立.

由柯西定理及本章§3.1中例 3-1 可知,从原点沿任何曲线到点 3+i 的积分值都相等.

定理 3.2　设 C 是一条简单闭曲线,函数 $f(z)$ 在以 C 为边界的有界闭区域 D 上解析,那么

$$\int_C f(z)\mathrm{d}z = 0.$$

定义 3.1　如果函数 $\varphi(z)$ 在区域 D 内的导数等于 $f(z)$,即 $\varphi'(z)=f(z)$,则称 $\varphi(z)$ 为 $f(z)$ 在区域 D 内的原函数.

同样可以证明类似于一元实变函数的结论,例如任意两个原函数之间相差一个常数,$f(z)$ 的全体原函数记为其的不定积分.

现在我们将积分的起点固定在 z_0,而让终点 z 变化,这就是变上限积分.由上面的定理 3.1 可知,这一变上限积分是 z 的单值函数,类似于实函数的情况,我们有下述结论.

定理 3.3　设 $f(z)$ 是单连通区域 D 的解析函数,$z_0 \in D$ 是定点,那么 $F(z) = \int_{z_0}^{z} f(\zeta)\mathrm{d}\zeta$ 在 D 内解析,且为 $f(z)$ 在 D 内的原函数.

注　在一元实变函数的相应定理中,只要求被积函数 $f(x)$ 连续,而不必可导,但这里要求 $f(z)$ 解析,否则积分与路径有关,就不是上限 z 的单值函数了.另外,所考虑的区域必须是单连通的,这一点也很重要.

证　取定 $z_0 \in D$,任取 $z \in D$,由定理 3.1,得

$$F(z) = \int_{z_0}^{z} f(\zeta)\mathrm{d}\zeta,$$

是在区域 D 内确定的一个函数.取 $\alpha \in D$,因为 $f(z)$ 解析必连续,所以 $\forall \varepsilon > 0$,$\exists \delta > 0$,当 $z \in D \bigcap U(\alpha, \delta)$ 时,$|f(z)-f(\alpha)| < \varepsilon$.

令

$$F(z) - F(\alpha) = \int_{z_0}^{z} f(\zeta)\mathrm{d}\zeta - \int_{z_0}^{\alpha} f(\zeta)\mathrm{d}\zeta$$

即,将 D 中两个积分看作沿两条简单曲线取的,而其中一条是另一条曲线与连接 α 及 z 线段的并集.于是有

$$F(z) - F(\alpha) - (z-\alpha)f(\alpha) = \int_\alpha^z [f(\zeta) - f(\alpha)] \mathrm{d}\zeta.$$

这里积分是沿 α 及 z 的连线取的,

$$\left| F(z) - F(\alpha) - (z-\alpha)f(\alpha) \right| = \left| \int_\alpha^z [f(\zeta) - f(\alpha)] \mathrm{d}\zeta \right| < \varepsilon |z-\alpha|$$

于是

$$\frac{\left| F(z) - F(\alpha) - (z-\alpha)f(\alpha) \right|}{|z-\alpha|} < \varepsilon,$$

即 $F'(\alpha) = f(\alpha)$.

下面给出一个计算积分的公式,**但要注意它的条件**.

定理 3.4(Newton-Leibniz 公式) 设函数 $f(z)$ 在单连通区域 D 内解析, $\Phi(z)$ 是 $f(z)$ 任一原函数,则

$$\int_{z_0}^z f(\zeta) \mathrm{d}\zeta = \Phi(z) - \Phi(z_0).$$

【例 3-4】 设 D 是不含 a 的一个单连通区域,并且 $z_0, z \in D$. 证明:

$$\int_{z_0}^z \frac{\mathrm{d}\zeta}{(\zeta-a)^m} = \frac{1}{1-m}\left[\frac{1}{(z-a)^{m-1}} - \frac{1}{(z_0-a)^{m-1}} \right],$$

其中 m 是不等于 1 的整数.

注意:

(1) 我们可以用原函数求解析函数的积分.

(2) 区域的单连通性不能直接去掉.

(3) 柯西定理可以推广到多连通区域(复合闭路定理):设有 $n+1$ 条简单闭曲线 $C_0, C_1, \cdots, C_n$,曲线 $C_1, \cdots, C_n$ 中每一条都互不相交,互不包含,而且所有这些曲线都在 C_0 所围成区域内,$C_0, C_1, \cdots, C_n$ 围成一个有界多连通区域 D,D 及其边界构成一个闭区域 $\overline{D}$. 设 $f(z)$ 在 $\overline{D}$ 上解析,那么令 C 表示 D 的全部边界,我们有

$$\int_C f(z) \mathrm{d}z = 0.$$

其中,积分是沿 C 按关于区域 D 的正向取的. 沿 C_0 按逆时针方向,沿 $C_1, \cdots, C_n$ 按顺时针方向取积分;或者说当点沿着 C 按所选取积分的方向一同运动时,区域 D 总在它的左侧. 因此

$$\int_C f(z) \mathrm{d}z = \int_{C_0} f(z) \mathrm{d}z + \int_{C_1^-} f(z) \mathrm{d}z + \cdots + \int_{C_n^-} f(z) \mathrm{d}z = 0,$$

也有:

$$\int_{C_0} f(z) \mathrm{d}z = \int_{C_1} f(z) \mathrm{d}z + \cdots + \int_{C_n} f(z) \mathrm{d}z.$$

（4）上面规定区域 D 的方向称为正向，总是规定取正向，除非另有说明．

（5）以上结论的证明示意如图 3-3 所示．

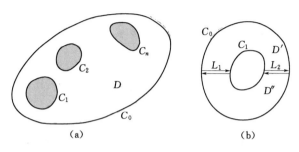

图 3-3

　　证　考虑只有两条围线 C_0 和 C_1 的情况．如图 3-3（b）所示，作线段 L_1 和 L_2 连接 C_0 和 C_1，这样区域 D 就被分为 D' 和 D''，显然 D' 和 D'' 都是单连通域，而且 $f(z)$ 在 $\bar{D}'$ 和 $\bar{D}''$ 内解析，根据柯西积分定理，有

$$\int_{\partial D'} f(z)\mathrm{d}z = 0, \int_{\partial D''} f(z)\mathrm{d}z = 0.$$

所以

$$\int_{\partial D'+\partial D''} f(z)\mathrm{d}z = 0.$$

但

$$\partial D'+\partial D''=C_0+C_1^-+L_1+L_2+L_1^-+L_2^-,$$

而

$$\int_{L_1+L_1^-} f(z)\mathrm{d}z = 0, \int_{L_2+L_2^-} f(z)\mathrm{d}z = 0,$$

所以

$$\int_C f(z)\mathrm{d}z = \int_{C_0} f(z)\mathrm{d}z + \int_{C_1^-} f(z)\mathrm{d}z = 0.$$

　　推论（闭路变形定理）　在区域 D 内的一个解析函数沿闭曲线的积分，不因闭曲线在区域内的连续变形而改变它的值，前提条件是在变形过程中曲线不经过函数不解析的点．

　　例如，由上面的推论和本章 §3.1 中的例 3-3 知，设 C 是围绕 α 的任意简单闭曲线，其中 α 是一个复数，那么按逆时针方向所取的积分为

$$\int_C \frac{\mathrm{d}z}{(z-\alpha)^{n+1}} = \begin{cases} 2\pi\mathrm{i}, & n = 0 \\ 0, & n \neq 0 \end{cases},$$

其中，n 为整数．

§3.3 柯 西 公 式

设 $f(z)$ 在以圆 $C:|z-z_0|=\rho_0(0<\rho_0<+\infty)$ 为边界的闭圆盘上解析,则 $f(z)$ 沿 C 的积分为零. 下面考虑积分

$$I=\int_C\frac{f(z)}{z-z_0}\mathrm{d}z,$$

则有:(1) 被积函数在 C 上连续,积分 I 必然存在;

(2) 在上述闭圆盘上 $\frac{f(z)}{z-z_0}$ 不解析,I 的值不一定为 0,例如 $f(z)\equiv1$ 时, $I=2\pi\mathrm{i}$.

现在考虑 $f(z)$ 为一般解析函数的情况. 作以 z_0 为圆心,以 $\rho(0<\rho<\rho_0)$ 为半径的圆 C_ρ,取逆时针方向. 由闭路变形定理,得

$$\int_C\frac{f(z)}{z-z_0}\mathrm{d}z=\int_{C_\rho}\frac{f(z)}{z-z_0}\mathrm{d}z.$$

因此,I 的值只与 $f(z)$ 在点 z_0 附近的值有关.

由于 I 的值只与 $f(z)$ 在点 z_0 附近的值有关,与 ρ 无关,由 $f(z)$ 在点 z_0 的连续性,应该有 $I=2\pi\mathrm{i}f(z_0)$,即

$$f(z_0)=\frac{1}{2\pi\mathrm{i}}\int_C\frac{f(z)}{z-z_0}\mathrm{d}z.$$

事实上,当 ρ 趋近于 0 时,有

$$\int_C\frac{f(z)}{z-z_0}\mathrm{d}z=f(z_0)\int_{C_\rho}\frac{1}{z-z_0}\mathrm{d}z+\int_{C_\rho}\frac{f(z)-f(z_0)}{z-z_0}\mathrm{d}z. \tag{3-1}$$

由于 $f(z)$ 在点 z_0 有连续性,所以 $\forall\varepsilon>0,\exists\delta>0(\delta\leqslant\rho_0)$,使得当 $0<\rho<\delta$, $z\in C_\rho$ 时,$|f(z)-f(z_0)|<\varepsilon$,因此

$$\left|\int_{C_\rho}\frac{f(z)-f(z_0)}{z-z_0}\mathrm{d}z\right|\leqslant\int_{C_\rho}\left|\frac{f(z)-f(z_0)}{z-z_0}\right|\mathrm{d}s\leqslant\frac{\varepsilon}{\rho}2\pi\rho=2\pi\varepsilon,$$

即当 ρ 趋近于 0 时,式(3-1)右边的第二个积分趋近于 0;而 $\int_{C_\rho}\frac{1}{z-z_0}\mathrm{d}z=2\pi\mathrm{i}$, 因此,结论(2)成立.

定理 3.5(柯西公式) 设 $f(z)$ 在区域 D 内处处解析,C 为 D 内的任何一条正向简单闭曲线,C 所围成的闭区域完全含于 D,那么在 C 内任一点 z,有

$$f(z)=\frac{1}{2\pi\mathrm{i}}\int_C\frac{f(\zeta)}{\zeta-z}\mathrm{d}\zeta.$$

证 以 z 为圆心,作一个包含在 C 内的圆盘,设其半径为 ρ,边界为圆 C_ρ.

ζ 的函数 $f(\zeta)$ 以及 $\dfrac{f(\zeta)}{\zeta - z}$ 解析,由闭路变形定理,有

$$\int_C \frac{f(\zeta)}{\zeta - z} \mathrm{d}\zeta = \int_{C_\rho} \frac{f(\zeta)}{\zeta - z} \mathrm{d}\zeta,$$

其中,沿 C_ρ 的积分是按逆时针方向取的. 因此,由本节开始此讨论,得结论成立.

注意:

(1) 对于某些有界闭区域上的解析函数,它在区域内任一点所取的值可以用它在边界上的值表示出来.

(2) 柯西积分公式描述的是解析函数最基本的性质之一,对于复变函数理论本身及其应用都是非常重要的.

【例 3-5】 求积分(沿正向圆周)的值: $\displaystyle\oint_{|z|=4} \left(\frac{1}{z+1} + \frac{1}{z+3} \right) \mathrm{d}z$.

解　原式 $= \displaystyle\oint_{|z|=4} \frac{1}{z+1} \mathrm{d}z + \oint_{|z|=4} \frac{1}{z+3} \mathrm{d}z = 2\pi\mathrm{i} \cdot 1 + 2\pi\mathrm{i} \cdot 1 = 4\pi\mathrm{i}$.

定理 3.6(高阶导数公式)　设 $f(z)$ 在区域 D 内处处解析,C 为 D 内的任何一条正向简单闭曲线,C 所围成的闭区域完全含于 D,那么在 C 内任一点 z,$f(z)$ 在 D 内有任意阶导数

$$f^{(n)}(z) = \frac{n!}{2\pi\mathrm{i}} \int_C \frac{f(\zeta)}{(\zeta - z)^{n+1}} \mathrm{d}\zeta \quad (n = 1, 2, 3, \cdots).$$

此定理证明省略.

推论　设函数 $f(z)$ 在区域 D 内解析,那么 $f(z)$ 在 D 内有任意阶导数.

注意:

以上讨论表明,函数在一个区域内的解析性必须具备很强的条件,和仅仅在一个点可导有本质的差异.

【例 3-6】 求积分(沿正向圆周)的值: $\displaystyle\oint_{|z|=4} \frac{\sin z}{(z-1)^3} \mathrm{d}z$.

解　原式 $= \dfrac{2\pi\mathrm{i}}{2!} (\sin z)^{(2)} \big|_{z=1} = -\pi\mathrm{i}\sin 1$.

定理 3.7　设函数 $f(z)$ 在以 $C: |z - z_0| = \rho_0 (0 < \rho_0 < +\infty)$ 为边界的闭圆盘上解析,那么

$$\frac{|f^{(n)}(z_0)|}{n!} \leqslant \frac{M(\rho)}{\rho^n} \quad (n = 0, 1, 2, \cdots; 0! = 1),$$

其中

$$M(\rho) = \max_{|z - z_0| = \rho} |f(z)| (0 < \rho \leqslant \rho_0).$$

证 令 C_ρ 是圆 $|z-z_0|=\rho(0<\rho\leqslant\rho_0)$，那么，由导数公式，有

$$|f^{(n)}(z)|=|\frac{n!}{2\pi i}\int_C\frac{f(\zeta)}{(\zeta-z)^{n+1}}d\zeta|$$

$$\leqslant\frac{n!}{2\pi}\cdot\frac{M(\rho)}{\rho^{n+1}}\cdot2\pi\rho=n!\cdot\frac{M(\rho)}{\rho^n}$$

其中，$n=0,1,2,\cdots;0!=1$.

注意：

(1) 上面的不等式称为柯西不等式.

(2) 在整个复平面上解析的函数，称为整函数，例如多项式，$\sin z,\cos z,e^z$ 等. 关于整函数，我们有下面的刘维尔定理.

定理 3.8 有界整函数一定恒等于常数（刘维尔定理）.

证 $f(z)$ 是有界整函数，即存在 $M\in(0,+\infty)$，使得 $\forall z\in C,|f(z)|<M$. $\forall z_0\in C,\forall\rho\in(0,+\infty),f(z)$ 在 $\{z||z-z_0|<\rho\}$ 上解析. 由柯西不等式，有 $|f'(z_0)|\leqslant M/\rho$，令 $\rho\to+\infty$，可见 $\forall z_0\in C,f'(z_0)=0$，从而 $f(z)$ 在 C 上恒等于常数.

§3.4 解析函数与调和函数的关系

本节利用 C-R 方程和解析函数的高阶导数存在性这个重要结论来研究解析函数和调和函数的关系.

如果二元实变函数 $u(x,y)$ 在区域 D 内具有二阶连续偏导数并且满足拉普拉斯方程

$$\Delta u\triangleq\frac{\partial^2u}{\partial x^2}+\frac{\partial^2u}{\partial y^2}=0,$$

那么称 $u(x,y)$ 为区域 D 内的调和函数.

定理 3.9 区域 D 内的解析函数，其实部和虚部都是区域 D 内的调和函数.

证 设 $f(z)=u(x,y)+iv(x,y)$ 为区域 D 内的解析函数，由 C-R 方程知

$$\frac{\partial u}{\partial x}=\frac{\partial v}{\partial y},\frac{\partial u}{\partial y}=-\frac{\partial v}{\partial x},$$

从而 $\frac{\partial^2u}{\partial x^2}=\frac{\partial^2v}{\partial y\partial x},\frac{\partial^2u}{\partial y^2}=-\frac{\partial^2v}{\partial x\partial y}$. 根据解析函数的高阶导数定理，二元函数 u 和 v 分别具有任意阶的连续偏导数，所以 $\frac{\partial^2v}{\partial y\partial x}=\frac{\partial^2v}{\partial x\partial y}$，于是 $\frac{\partial^2u}{\partial x^2}+\frac{\partial^2u}{\partial y^2}=0$.

同理 $\frac{\partial^2v}{\partial x^2}+\frac{\partial^2v}{\partial y^2}=0$，结论成立.

证毕.

由于区域 D 内的解析函数的实部和虚部都是调和函数,我们把其虚部称为实部的共轭调和函数.

下面举例介绍已知解析函数的实部(或虚部)求其虚部(或实部)的方法.

【例 3-7】 已知 $u(x,y)=y^3-3x^2y$ 为一个解析函数的实部,求其虚部 v.

解　**方法 1**(偏积分法)

根据 C-R 方程,由 $\dfrac{\partial u}{\partial x}=-6xy,\dfrac{\partial u}{\partial y}=3y^2-3x^2$,知

$$\frac{\partial v}{\partial y}=-6xy,-\frac{\partial v}{\partial x}=3y^2-3x^2.$$

因为 $\dfrac{\partial v}{\partial y}=-6xy$,所以 $v=\displaystyle\int-6xy\,\mathrm{d}y=-3xy^2+\varphi(x)$,即 $\dfrac{\partial v}{\partial x}=-3y^2+\varphi'(x)$,又由于 $-\dfrac{\partial v}{\partial x}=3y^2-3x^2$,所以 $\varphi'(x)=3x^2$,即 $\varphi(x)=x^3+C$,从而 $v=-3xy^2+x^3+C$.

方法 2(不定积分法)

根据 C-R 方程,可知 $f'(z)=\dfrac{\partial u}{\partial x}+\mathrm{i}\dfrac{\partial v}{\partial x}=\dfrac{\partial u}{\partial x}-\mathrm{i}\dfrac{\partial u}{\partial y}=\dfrac{\partial v}{\partial y}+\mathrm{i}\dfrac{\partial v}{\partial x}$,即只要知道解析函数的实部或虚部,就可以求出其导数,对于本题 $f'(z)=\dfrac{\partial u}{\partial x}-\mathrm{i}\dfrac{\partial u}{\partial y}=-6xy+\mathrm{i}(3x^2-3y^2)$,把其还原成 z 的函数为 $f'(z)=3\mathrm{i}(x^2+2xy\mathrm{i}-y^2)=3\mathrm{i}z^2$,从而 $f(z)=\mathrm{i}z^3+C$,其中 C 为任意纯虚数[因为 $f(z)$ 的实部为已知函数,不可能包含未知常数].

方法 3(线积分法)

根据 C-R 方程可以写出 v 的两个偏导数,也就可以写出 v 的全微分,即

$$\mathrm{d}v=\frac{\partial v}{\partial x}\mathrm{d}x+\frac{\partial v}{\partial y}\mathrm{d}y.$$

利用线积分可求出

$$v=\int_{(x_0,y_0)}^{(x,y)}\frac{\partial v}{\partial x}\mathrm{d}x+\frac{\partial v}{\partial x}\mathrm{d}y+C.$$

对于本题

$$\begin{aligned}
v&=\int_{(0,0)}^{(x,y)}(3x^2-3y^2)\mathrm{d}x+(-6xy)\mathrm{d}y+C\\
&=\int_0^x3x^2\mathrm{d}x+\int_0^y(-6xy)\mathrm{d}y+C\\
&=x^3-3xy^2+C\quad(\text{其中 }C\text{ 为任意实常数}).
\end{aligned}$$

习 题

1. 计算积分 $\int_C z^2 \mathrm{d}z$,其中 C 为

(1) 从原点到点 $2+\mathrm{i}$ 的直线段;

(2) 从原点沿虚轴到 i,再由 i 沿水平方向到 $2+\mathrm{i}$.

2. 计算积分 $\int_C |z| \mathrm{d}z$,其中积分路径 C 为

(1) 沿单位圆周 $|z|=1$ 的左半圆周,从点 $-\mathrm{i}$ 到点 i;

(2) 沿单位圆周 $|z|=1$ 的右半圆周,从点 i 到点 $-\mathrm{i}$.

3. 计算下列积分:

(1) $\oint_C \dfrac{2}{z-2} \mathrm{d}z, |z+2|=2$;

(2) $\oint_C \dfrac{2}{z-2} \mathrm{d}z, |z-2|=2$;

(3) $\oint_C \dfrac{1}{z^2-1} \mathrm{d}z, |z-2|=2$;

(4) $\oint_C \dfrac{1}{z^2-1} \mathrm{d}z, |z|=2$;

(5) $\oint_C \dfrac{z^2 \mathrm{e}^z}{z-2} \mathrm{d}z, |z|=3$;

(6) $\oint_C \dfrac{z^2 \mathrm{e}^z}{(z-2)^2} \mathrm{d}z, |z|=3$;

(7) $\int_0^{\mathrm{i}} (z-\mathrm{i}) \mathrm{e}^{-z} \mathrm{d}z$;

(8) $\int_{-\pi\mathrm{i}}^{\pi\mathrm{i}} \sin^2 z \mathrm{d}z$.

4. 设区域 D 为右半平面,z 为 D 内单位圆 $|z|=1$ 上任意一点,用在 D 内的任意一条曲线 C 连接原点和 z,证明 $\mathrm{Re}\left[\int_0^z \dfrac{1}{1+\xi^2} \mathrm{d}\xi\right] = \dfrac{\pi}{4}$.

5. 证明 $u = x^2 - y^2$ 和 $v = \dfrac{y}{x^2+y^2}$ 都是调和函数,但 v 不是 u 的共轭调和函数.

6. 已知 $u = (x-y)(x^2+4xy+y^2)$,求解析函数 $f(z)=u+\mathrm{i}v$.

第4章 级 数

在高等数学的学习中,我们就已经知道在实数范围内级数和数列有着十分密切的联系,而在复数范围内,它们之间的关系与实数范围内的情况十分类似.本章将介绍一些复数项级数等基本概念和定理,它们大都是实数范围内的相应内容在复数范围内的直接推广.

本章还将着重介绍复变函数项级数中的幂级数和由正、负整次幂项所组成的洛朗级数,并围绕如何将解析函数在给定区域内展开成幂级数或洛朗级数这一内容来进行讲授.这两类级数都是研究解析函数性质的重要工具,也是学习第 5 章留数内容的必要基础.

§4.1 复数项级数

1. 复数列的极限

设 $\{\alpha_n\}(n=1,2,\cdots)$ 为一复数列,其中 $\alpha_n=a_n+ib_n$,又设 $\alpha=a+ib$ 为一确定复数.如果对于任意 $\varepsilon>0$,存在一个正数 $N(\varepsilon)$,在 $n>N$ 时使得 $|\alpha_n-\alpha|<\varepsilon$ 成立,则称 α 为复数列 $\{\alpha_n\}$ 当 $n\to\infty$ 时的极限,记作

$$\lim_{n\to\infty}\alpha_n=\alpha.$$

此时也称复数列 $\{\alpha_n\}$ 收敛于 α.

定理 4.1 复数列 $\{\alpha_n=a_n+ib_n\}(n=1,2,\cdots)$ 收敛于 $\alpha=a+ib$ 的充要条件是

$$\lim_{n\to\infty}a_n=a,\ \lim_{n\to\infty}b_n=b.$$

2. 级数概念

设 $\{\alpha_n\}=\{a_n+ib_n\}(n=1,2,\cdots)$ 为一复数列,把各项依次相加所得的表达式

$$\sum_{n=1}^{\infty}\alpha_n=\alpha_1+\alpha_2+\cdots+\alpha_n+\cdots$$

称为无穷级数,其最前面 n 项的和

$$s_n = \alpha_1 + \alpha_2 + \cdots + \alpha_n$$

称为该级数的部分和.

如果部分和数列 $\{s_n\}$ 收敛，则级数 $\sum\limits_{n=1}^{\infty} \alpha_n$ 称为是收敛的，并且把极限

$\lim\limits_{n\to\infty} s_n = s$ 称为该级数的和. 如果数列 $\{s_n\}$ 发散，则级数 $\sum\limits_{n-1}^{\infty} \alpha_n$ 称为是发散的.

定理 4.2 级数 $\sum\limits_{n=1}^{\infty} \alpha_n$ 收敛的充要条件是级数 $\sum\limits_{n=1}^{\infty} a_n$ 和 $\sum\limits_{n=1}^{\infty} b_n$ 同时收敛.

定理 4.2 是将复数项级数的审敛问题转化为实数项级数的审敛问题，而由

实数项级数 $\sum\limits_{n=1}^{\infty} a_n$ 和 $\sum\limits_{n=1}^{\infty} b_n$ 收敛的必要条件

$$\lim\limits_{n\to\infty} a_n = 0 \text{ 和 } \lim\limits_{n\to\infty} b_n = 0$$

立即可得 $\lim\limits_{n\to\infty} \alpha_n = 0$，从而推出复数项级数 $\sum\limits_{n=1}^{\infty} \alpha_n$ 收敛的必要条件是 $\lim\limits_{n\to\infty} \alpha_n = 0$.

定理 4.3 如果 $\sum\limits_{n=1}^{\infty} |\alpha_n|$ 收敛，那么 $\sum\limits_{n=1}^{\infty} \alpha_n$ 也收敛.

如果 $\sum\limits_{n=1}^{\infty} |\alpha_n|$ 收敛，那么称级数 $\sum\limits_{n=1}^{\infty} \alpha_n$ 为绝对收敛. 非绝对收敛的收敛级数称为条件收敛级数.

另外，因为 $\sum\limits_{n=1}^{\infty} |\alpha_n|$ 的各项都是非负的实数，所以它的收敛性可用正项级数的判定法来判定.

【例 4-1】 判定下列数列是否收敛? 如果收敛，求出其极限.

(1) $\alpha_n = \left(1 + \dfrac{1}{n}\right) e^{i\frac{\pi}{n}}$；　　(2) $\alpha_n = n\cos in$.

解 (1) 因 $\alpha_n = \left(1 + \dfrac{1}{n}\right) e^{i\frac{\pi}{n}} = \left(1 + \dfrac{1}{n}\right)\left(\cos \dfrac{\pi}{n} + i\sin \dfrac{\pi}{n}\right)$，故

$$a_n = \left(1 + \frac{1}{n}\right)\cos \frac{\pi}{n}, b_n = \left(1 + \frac{1}{n}\right)\sin \frac{\pi}{n}.$$

而

$$\lim\limits_{n\to\infty} a_n = 1, \lim\limits_{n\to\infty} b_n = 0,$$

所以数列 $\left\{\alpha_n = \left(1 + \dfrac{1}{n}\right) e^{i\frac{\pi}{n}}\right\}$ 收敛，且有 $\lim\limits_{n\to\infty} \alpha_n = 1$.

(2) 由于 $\alpha_n = n\cos in = n\mathrm{ch}\, n$，因此，当 $n\to\infty$ 时，$\alpha_n \to \infty$. 所以 α_n 发散.

【例 4-2】 判定下列级数是否收敛? 是否绝对收敛?

(1) $\displaystyle\sum_{n=1}^{\infty} \frac{1}{n}\left(1+\frac{i}{n}\right)$;　　(2) $\displaystyle\sum_{n=0}^{\infty} \frac{(8i)^n}{n!}$;　　(3) $\displaystyle\sum_{n=1}^{\infty}\left[\frac{(-1)^n}{n}+\frac{1}{2^n}i\right]$.

解　(1) 因 $\displaystyle\sum_{n=1}^{\infty} a_n = \sum_{n=1}^{\infty} \frac{1}{n}$ 发散, $\displaystyle\sum_{n=1}^{\infty} b_n = \sum_{n=1}^{\infty} \frac{1}{n^2}$ 收敛, 故原级数发散.

(2) 因 $\left|\dfrac{(8i)^n}{n!}\right| = \dfrac{8^n}{n!}$, 由正项级数的比值审敛法知 $\displaystyle\sum_{n=1}^{\infty} \frac{8^n}{n!}$ 收敛, 故原级数收敛, 且为绝对收敛.

(3) 因 $\displaystyle\sum_{n=1}^{\infty} \frac{(-1)^n}{n}$ 收敛, $\displaystyle\sum_{n=1}^{\infty} \frac{1}{2^n}$ 也收敛, 故原级数收敛. 但因 $\displaystyle\sum_{n=1}^{\infty} \frac{(-1)^n}{n}$ 为条件收敛, 所以原级数也为条件收敛.

§4.2　幂　级　数

1. 幂级数概念

设 $\{f_n(z)\}(n=1,2,\cdots)$ 为一复变函数序列, 其中每个 $f_n(z)$ 在区域 D 内都有定义, 那么称表达式

$$\sum_{n=1}^{\infty} f_n(z) = f_1(z) + f_2(z) + \cdots + f_n(z) + \cdots \tag{4-1}$$

为复变函数项级数, 记为 $\displaystyle\sum_{n=1}^{\infty} f_n(z)$. 该级数最前面 n 项的和

$$s_n(z) = f_1(z) + f_2(z) + \cdots + f_n(z)$$

也称为复数函数项级数的部分和.

如果对于区域 D 内的某一点 z_0, 极限

$$\lim_{n \to \infty} s_n(z_0) = s(z_0)$$

存在, 那么称复变函数项级数[式(4-1)]在 z_0 处收敛, 并称 $s(z_0)$ 为它的和. 如果级数[式(4-1)]在 D 内处处收敛, 那么它的和一定是 D 内的一个函数

$$s(z) = f_1(z) + f_2(z) + \cdots + f_n(z) + \cdots.$$

$s(z)$ 称为级数 $\displaystyle\sum_{n=1}^{\infty} f_n(z)$ 的和函数, 这种级数收敛形态称为 $\displaystyle\sum_{n=1}^{\infty} f_n(z)$ 点点收敛到 $s(z)$, 或称为 $\displaystyle\sum_{n=1}^{\infty} f_n(z)$ 点态收敛到 $s(z)$.

下面我们研究函数项级数的特殊情形, $f_n(z) = c_n(z-a)^n$ 或 $f_n(z) = c_n z^n$ $(n=0,1,2,\cdots)$.

$$\sum_{n=0}^{\infty} c_n(z-a)^n = c_0 + c_1(z-a) + c_2(z-a)^2 + \cdots + c_n(z-a)^n + \cdots,$$

(4-2)

或

$$\sum_{n=0}^{\infty} c_n z^n = c_0 + c_1 z + c_2 z^2 + \cdots + c_n z^n + \cdots,$$

(4-3)

形如式(4-2),式(4-3)这种级数称为幂级数.

为了方便起见,本书就式(4-3)来进行讨论,称其为标准幂级数.

同高等数学中的实变幂级数一样,复变幂级数也有所谓的幂级数收敛定理,即阿贝尔定理.

定理 4.4(阿贝尔定理) 如果级数 $\sum_{n=0}^{\infty} c_n z^n$ 在 $z = z_0(\neq 0)$ 处收敛,那么对满足 $|z| < |z_0|$ 的 z,级数必绝对收敛. 如果在 $z = z_0$ 处级数发散,那么对满足 $|z| > |z_0|$ 的 z,级数也必发散.

2. 收敛圆与收敛半径

利用阿贝尔定理,可以求出幂级数的收敛范围为下述三种情形之一:

(1) 对所有复数都是收敛的.

(2) 对所有复数除 $z = 0$ 外都是发散的.

(3) 既存在使级数收敛的复数,也存在使级数发散的复数.

【例 4-3】 求幂级数

$$\sum_{n=0}^{\infty} z^n = 1 + z + z^2 + \cdots + z^n + \cdots$$

的收敛范围与其和函数.

解 级数的部分和为

$$s_n = 1 + z + z^2 + \cdots + z^{n-1} = \frac{1-z^n}{1-z} \quad (z \neq 1).$$

当 $|z| < 1$ 时,由于 $\lim_{n \to \infty} z^n = 0$,从而有 $\lim_{n \to \infty} s_n = \frac{1}{1-z}$,即 $|z| < 1$ 时,级数 $\sum_{n=0}^{\infty} z^n$ 收敛,和函数为 $\frac{1}{1-z}$;当 $|z| \geqslant 1$ 时,由于 $n \to \infty$ 时,级数的一般项 z^n 不趋于零,故级数发散.

3. 收敛半径的求法

定理 4.5(比值法) 如果 $\lim_{n \to \infty} \left| \frac{c_{n+1}}{c_n} \right| = \lambda \neq 0$,那么收敛半径 $R = \frac{1}{\lambda}$.

定理 4.6(根值法) 如果 $\lim\limits_{n\to\infty}\sqrt[n]{|c_n|}=\mu\neq 0$,那么收敛半径 $R=\dfrac{1}{\mu}$.

【例 4-4】 求下列幂级数的收敛半径:

(1) $\sum\limits_{n=1}^{\infty}\dfrac{z^n}{n^3}$(并讨论在收敛圆周上的情形);

(2) $\sum\limits_{n=1}^{\infty}\dfrac{(z-1)^n}{n}$(并讨论 $z=0,2$ 时的情形);

(3) $\sum\limits_{n=0}^{\infty}(\cos in)z^n$.

解 (1) 因为 $\lim\limits_{n\to\infty}\left|\dfrac{c_{n+1}}{c_n}\right|=\lim\limits_{n\to\infty}\left(\dfrac{n}{n+1}\right)^3=1$,或

$$\lim_{n\to\infty}\sqrt[n]{|c_n|}=\lim_{n\to\infty}\sqrt[n]{\dfrac{1}{n^3}}=\lim_{n\to\infty}\dfrac{1}{\sqrt[n]{n^3}}=1,$$

所以收敛半径 $R=1$,也就是原级数在圆 $|z|=1$ 内部收敛,在圆外部发散. 在圆周 $|z|=1$ 上,级数 $\sum\limits_{n=1}^{\infty}\left|\dfrac{z^n}{n^3}\right|=\sum\limits_{n=1}^{\infty}\dfrac{1}{n^3}$ 是收敛的,因为这是一个 p 级数,$p=3>1$. 所以原级数在收敛圆上是处处收敛的.

(2) $\lim\limits_{n\to\infty}\left|\dfrac{c_{n+1}}{c_n}\right|=\lim\limits_{n\to\infty}\dfrac{n}{n+1}=1$,即 $R=1$. 用根值审敛法也得同样结果.

在收敛圆 $|z-1|=1$ 上,当 $z=0$ 时,原级数成为 $\sum\limits_{n=1}^{\infty}(-1)^n\cdot\dfrac{1}{n}$,它是交错级数,根据莱布尼茨准则,级数收敛;当 $z=2$ 时,原级数成为 $\sum\limits_{n=1}^{\infty}\dfrac{1}{n}$,它是调和级数,所以发散. 这个例子表明,在收敛圆周上既可能有级数的收敛点,也可能有级数的发散点.(注:圆周上其余点的情形,讨论比较复杂,证明略.)

(3) 因为 $c_n=\cos in=\text{ch }n=\dfrac{1}{2}(\mathrm{e}^n+\mathrm{e}^{-n})$,所以

$$\lim_{n\to\infty}\left|\dfrac{c_{n+1}}{c_n}\right|=\lim_{n\to\infty}\dfrac{\mathrm{e}^{n+1}+\mathrm{e}^{-n-1}}{\mathrm{e}^n+\mathrm{e}^{-n}}=\mathrm{e},$$

故收敛半径 $R=\dfrac{1}{\mathrm{e}}$.

4. 幂级数的运算和性质

设

$$f(z) = \sum_{n=0}^{\infty} a_n z^n,\text{收敛半径为 } r_1; g(z) = \sum_{n=0}^{\infty} b_n z^n,\text{收敛半径为 } r_2.$$ 那么在

以原点为中心,r_1、r_2 中较小的一个为半径的圆内,这两个幂级数可以像多项式那样进行相加、相减、相乘,所得到的幂级数的和函数分别就是 $f(z)$ 与 $g(z)$ 的和、差与积. 并且所得到的幂级数的收敛半径大于或等于 r_1 与 r_2 中较小的一个. 即

$$f(z) \pm g(z) = \sum_{n=0}^{\infty} a_n z^n \pm \sum_{n=0}^{\infty} b_n z^n = \sum_{n=0}^{\infty} (a_n \pm b_n) z^n,\ |z| < R,$$

$$f(z)g(z) = \left(\sum_{n=0}^{\infty} a_n z^n\right)\left(\sum_{n=0}^{\infty} b_n z^n\right)$$

$$= \sum_{n=0}^{\infty} (a_n b_0 + a_{n-1} b_1 + a_{n-2} b_2 + \cdots + a_0 b_n) z^n,\ |z| < R.$$

这里 $R = \min(r_1, r_2)$.

下面介绍代换(复合)运算:如果当 $|z| < r$ 时,$f(z) = \sum_{n=0}^{\infty} a_n z^n$,又设在 $|z| < R$ 内,$g(z)$ 解析且满足 $|g(z)| < r$,那么当 $|z| < R$ 时,$f[g(z)] = \sum_{n=0}^{\infty} a_n [g(z)]^n$.

【例 4-6】 把函数 $\dfrac{1}{z-b}$ 表示成形如 $\sum_{n=0}^{\infty} c_n (z-a)^n$ 的幂级数,其中 a 与 b 是两个不相等的复常数.

解 把函数 $\dfrac{1}{z-b}$ 写成如下形式:

$$\frac{1}{z-b} = \frac{1}{(z-a)-(b-a)} = -\frac{1}{b-a} \cdot \frac{1}{1-\dfrac{z-a}{b-a}},$$

由例 4-1 可知,当 $\left|\dfrac{z-a}{b-a}\right| < 1$ 时,有

$$\frac{1}{1-\dfrac{z-a}{b-a}} = 1 + \left(\frac{z-a}{b-a}\right) + \left(\frac{z-a}{b-a}\right)^2 + \cdots + \left(\frac{z-a}{b-a}\right)^n + \cdots,$$

从而得到

$$\frac{1}{z-b} = -\frac{1}{b-a} - \frac{1}{(b-a)^2}(z-a) - \frac{1}{(b-a)^3}(z-a)^2 - \cdots -$$

$$\frac{1}{(b-a)^{n+1}}(z-a)^n - \cdots$$

设 $|b-a|=R$,那么当 $|z-a|<R$ 时,上式右端的级数收敛,且其和为 $\dfrac{1}{z-b}$.因为 $z=b$ 时,上式右端的级数发散,故由阿贝尔定理知,当 $|z-a|>|b-a|=R$ 时,级数发散,即上式右端的级数的收敛半径为 $R=|b-a|$.

定理 4.7　设幂级数 $\displaystyle\sum_{n=0}^{\infty}c_n(z-z_0)^n$ 的收敛半径为 R,那么

（1）它的和函数 $f(z)$,即

$$f(z)=\sum_{n=0}^{\infty}c_n(z-a)^n$$

是收敛圆 $|z-a|<R$ 内的解析函数.

（2）$f(z)$ 在收敛圆内的导数可通过其幂级数逐项求导得到,即

$$f'(z)=\sum_{n=1}^{\infty}nc_n(z-a)^{n-1}.$$

（3）$f(z)$ 在收敛圆内可以逐项积分,即

$$\int_{C}f(z)\mathrm{d}z=\sum_{n=0}^{\infty}c_n\int_{C}(z-a)^n\mathrm{d}z,C\subset\{z:|z-a|<R\},$$

特别地

$$\int_{a}^{z}f(\zeta)\mathrm{d}\zeta=\sum_{n=0}^{\infty}\frac{c_n}{n+1}(z-a)^{n+1}.$$

§4.3　泰 勒 级 数

设函数 $f(z)$ 在区域 D 内解析,而 $|\zeta-z_0|=r$ 为 D 内以 z_0 为中心半径为 r 的圆周,它以及它的内部全部含于 D,把该圆周记作 K,又设 z 为 K 内任一点（图 4-2）.按照柯西积分公式,有

$$f(z)=\frac{1}{2\pi\mathrm{i}}\oint_{K}\frac{f(\zeta)}{\zeta-z}\mathrm{d}\zeta, \tag{4-5}$$

其中 K 取正方向.由于积分变量 ζ 取在圆周 K 上,所以 $\left|\dfrac{z-z_0}{\zeta-z_0}\right|<1$.从而

$$\begin{aligned}\frac{1}{\zeta-z}&=\frac{1}{(\zeta-z_0)-(z-z_0)}\\&=\frac{1}{\zeta-z_0}\frac{1}{1-\dfrac{z-z_0}{\zeta-z_0}}\end{aligned}$$

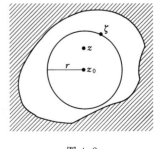

图 4-2

$$= \frac{1}{\zeta - z_0} \left[1 + \left(\frac{z - z_0}{\zeta - z_0} \right) + \left(\frac{z - z_0}{\zeta - z_0} \right)^2 + \cdots + \left(\frac{z - z_0}{\zeta - z_0} \right)^n + \cdots \right]$$

$$= \sum_{n=0}^{\infty} \frac{1}{(\zeta - z_0)^{n+1}} (z - z_0)^n.$$

把上式代入式(4-5),并把它写成

$$f(z) = \sum_{n=0}^{+\infty} \left[\frac{1}{2\pi i} \oint_K \frac{f(\zeta) \, d\zeta}{(\zeta - z_0)^{n+1}} \right] (z - z_0)^n.$$

从而得到下面的定理(泰勒展开定理).

定理 4.8 设 $f(z)$ 在区域 D 内解析,z_0 为 D 内的一点,d 为 z_0 到 D 的边界上各点的最短距离,那么当 $|z - z_0| < d$ 时,

$$f(z) = \sum_{n=0}^{\infty} c_n (z - z_0)^n$$

成立,其中 $c_n = \frac{1}{n!} f^{(n)}(z_0)$,$n = 0, 1, 2, \cdots$.

注 如果 $f(z)$ 在 z_0 处解析,那么,使 $f(z)$ 在 z_0 处的泰勒展开式成立的圆域的半径 R 就等于从 z_0 到 $f(z)$ 的距 z_0 最近一个奇点 α 之间的距离,即 $R = |\alpha - z_0|$.

利用泰勒级数可以把函数展开成幂级数,并且该展开式是唯一的.

设 $f(z)$ 在 z_0 处用另外的方法展开为幂级数

$$f(z) = a_0 + a_1 (z - z_0) + a_2 (z - z_0)^2 + \cdots + a_n (z - z_0)^n + \cdots,$$

那么

$$f(z_0) = a_0.$$

由幂级数逐项微分性质可知

$$f'(z) = a_1 + 2a_2 (z - z_0) + \cdots,$$

于是

$$f'(z_0) = a_1.$$

类似可得

$$a_n = \frac{1}{n!} f^{(n)}(z_0), \cdots.$$

从而展开式是唯一的.

下面介绍一些基本初等函数展开成幂级数,特别地,展开成麦克劳林级数.

例如,求 e^z 在 $z = 0$ 的泰勒展开式.由于

$$(e^z)^{(n)} = e^z, \quad (e^z)^{(n)} \big|_{z=0} = 1 \quad (n = 0, 1, 2, \cdots),$$

故有

$$\mathrm{e}^z=1+z+\frac{z^2}{2!}+\frac{z^3}{3!}+\cdots+\frac{z^n}{n!}+\cdots. \tag{4-4}$$

因为 e^z 在复平面内处处解析,所以右端幂级数的收敛半径等于 ∞.

类似,可求得 $\sin z$ 与 $\cos z$ 在 $z=0$ 的泰勒展开式:

$$\sin z=z-\frac{z^3}{3!}+\frac{z^5}{5!}-\cdots+(-1)^n\frac{z^{2n+1}}{(2n+1)!}+\cdots. \tag{4-5}$$

$$\cos z=1-\frac{z^2}{2!}+\frac{z^4}{4!}-\cdots+(-1)^n\frac{z^{2n}}{(2n)!}+\cdots. \tag{4-6}$$

因为 $\sin z$ 与 $\cos z$ 在复平面内处处解析,与 e^z 相类似,这些展开式也在复平面内处处成立.

以上方法称为直接展开法,也可以借助于一些已知函数的展开式,利用幂级数的性质(定理 4.7),根据唯一性来得出某些函数的泰勒展开式.这种方法称为间接展开法.例如 $\sin z$ 在 $z=0$ 的泰勒展开式也可由下面方法得出:

$$\sin z=\frac{1}{2\mathrm{i}}(\mathrm{e}^{\mathrm{i}z}-\mathrm{e}^{-\mathrm{i}z})=\frac{1}{2\mathrm{i}}\Big[\sum_{n=0}^{\infty}\frac{(\mathrm{i}z)^n}{n!}-\sum_{n=0}^{\infty}\frac{(-\mathrm{i}z)^n}{n!}\Big]$$

$$=z-\frac{z^3}{3!}+\frac{z^5}{5!}-\cdots=\sum_{n=0}^{\infty}(-1)^n\frac{z^{2n+1}}{(2n+1)!}.$$

【例 4-7】 把函数 $\frac{1}{(1+z)^2}$ 展开成 z 的幂级数.

解 由于函数 $\frac{1}{(1+z)^2}$ 在单位圆周上有一奇点 $z=-1$,而在 $|z|<1$ 内处处解析,从而它在 $|z|<1$ 内可展开成 z 的幂级数.利用

$$\frac{1}{1+z}=1-z+z^2-\cdots+(-1)^nz^n+\cdots,|z|<1. \tag{4-7}$$

两边逐项求导,得

$$\frac{1}{(1+z)^2}=1-2z+3z^2-4z^3+\cdots+(-1)^{n-1}nz^{n-1}+\cdots,|z|<1.$$

【例 4-8】 求对数函数的主值 $\ln(1+z)$ 在 $z=0$ 处的泰勒展开式.

解 我们知道,$\ln(1+z)$ 在从 -1 向左沿负实轴剪开的平面内是解析的,而 -1 是它唯一的一个奇点,所以它在 $|z|<1$ 内可以展开成 z 的幂级数(图 4-3).

因为 $[\ln(1+z)]'=\frac{1}{1+z}$,

$$\int_0^z\frac{1}{1+z}\mathrm{d}z=\int_0^z\mathrm{d}z-\int_0^zz\mathrm{d}z+\cdots+\int_0^z(-1)^nz^n\mathrm{d}z+\cdots,$$

从而

$$\ln(1+z)=z-\frac{z^2}{2}+\frac{z^3}{3}-\frac{z^4}{4}+\cdots+(-1)^n\frac{z^{n+1}}{n+1}+\cdots,$$

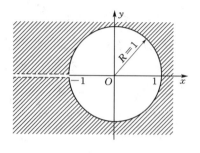

图 4-3

$$|z| < 1. \tag{4-8}$$

总之,把一个复变函数展开成幂级数的方法与高等数学中情形基本一样.

注 根据 §4.2 中的定理 4.7 与本节的定理知,幂级数 $\sum\limits_{n=0}^{\infty} c_n(z-z_0)^n$ 在收敛圆 $|z-z_0| < R$ 内的和函数是解析函数;反之,在圆域 $|z-z_0| < R$ 内解析的函数 $f(z)$ 也必能在 z_0 展开成幂级数 $\sum\limits_{n=0}^{\infty} c_n(z-z_0)^n$. 故 $f(z)$ 在 z_0 解析与 $f(z)$ 在 z_0 的邻域内可以展开成幂级数 $\sum\limits_{n=0}^{\infty} c_n(z-z_0)^n$ 是两种等价的说法,所以有的教材把此作为解析的定义.

§4.4 洛 朗 级 数

本节研究下列形式的级数:

$$\sum_{n=-\infty}^{\infty} c_n(z-z_0)^n = \cdots + c_{-n}(z-z_0)^{-n} + \cdots + c_{-1}(z-z_0)^{-1} +$$
$$c_0 + c_1(z-z_0) + \cdots + c_n(z-z_0)^n + \cdots \tag{4-9}$$

其中 z_0 及 $c_n (n=0, \pm1, \pm2, \cdots)$ 都是复常数.

把级数(4-9)分成两部分来考虑,即

正幂项(包括常数项)部分:

$$\sum_{n=0}^{\infty} c_n(z-z_0)^n = c_0 + c_1(z-z_0) + \cdots + c_n(z-z_0)^n + \cdots \tag{4-10}$$

与负幂项部分:

$$\sum_{n=1}^{\infty} c_{-n}(z-z_0)^{-n} = c_{-1}(z-z_0)^{-1} + \cdots + c_{-n}(z-z_0)^{-n} + \cdots \tag{4-11}$$

由 §4.2 节可知,级数(4-10)的收敛范围是一个圆域.设它的收敛半径为 R_2,那么当 $|z-z_0|<R_2$ 时,级数收敛;当 $|z-z_0|>R_2$ 时,级数发散.

在级数(4-11)中令 $\zeta=(z-z_0)^{-1}$,则

$$\sum_{n=1}^{\infty} c_{-n}(z-z_0)^{-n} = \sum_{n=1}^{\infty} c_{-n}\zeta^n = c_{-1}\zeta + c_{-2}\zeta^2 + \cdots + c_{-n}\zeta^n + \cdots \quad (4\text{-}12)$$

级数(4-12)是一个幂级数.设它的收敛半径为 R,那么当 $|\zeta|<R$ 时,级数收敛;当 $|\zeta|>R$ 时,级数发散.令 $\dfrac{1}{R}=R_1$,那么当且仅当 $|\zeta|<R$ 时,即 $|z-z_0|>R_1$,级数(4-12)收敛;当且仅当 $|\zeta|>R$ 时,即 $|z-z_0|<R_1$,级数(4-12)发散.可知,级数(4-9)当 $R_1<|z-z_0|<R_2$ 时收敛.

级数(4-9)在收敛圆环域内其和函数是解析的,而且可以逐项求积分和逐项求导数(此处证明省略).

定理 4.9 设 $f(z)$ 在圆环域 $R_1<|z-z_0|<R_2$ 内处处解析,那么

$$f(z) = \sum_{n=-\infty}^{\infty} c_n(z-z_0)^n,$$

其中

$$c_n = \frac{1}{2\pi i} \oint_C \frac{f(\zeta)}{(\zeta-z_0)^{n+1}} d\zeta \quad (n=0,\pm 1,\pm 2,\cdots). \quad (4\text{-}13)$$

这里 C 为在圆环域内绕 z_0 的任何一条正向简单闭曲线.

【例 4-10】 函数 $f(z)=\dfrac{1}{(z-1)(z-2)}$ 在圆环域(图 4-6).

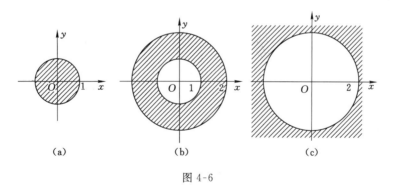

图 4-6

(1) $0<|z|<1$;

(2) $1<|z|<2$;

(3) $2<|z|<+\infty$

内是处处解析的.试把 $f(z)$ 在这些区域内展开成洛朗级数.

解 把 $f(z)$ 用部分分式表示为

$$f(z)=\frac{1}{1-z}-\frac{1}{2-z}.$$

(1) 在 $0<|z|<1$ 内[图 4-6(a)]，由于 $|z|<1$，

从而有 $\left|\frac{z}{2}\right|<1$. 从而

$$\frac{1}{1-z}=1+z+z^2+\cdots+z^n+\cdots, \tag{4-14}$$

$$\frac{1}{2-z}=\frac{1}{2}\cdot\frac{1}{1-\frac{z}{2}}=\frac{1}{2}(1+\frac{z}{2}+\frac{z^2}{2^2}+\cdots+\frac{z^n}{2^n}+\cdots). \tag{4-15}$$

于是有

$$f(z)=(1+z+z^2+\cdots)-\frac{1}{2}(1+\frac{z}{2}+\frac{z^2}{4}+\cdots)$$

$$=\frac{1}{2}+\frac{3}{4}z+\frac{7}{8}z^2+\cdots=\sum_{n=0}^{+\infty}\frac{2^{n+1}-1}{2^{n+1}}z^n.$$

(2) 在 $1<|z|<2$ [图 4-6(b)]内，由于 $|z|>1$，此时 $\left|\frac{1}{z}\right|<1$，

因此

$$\frac{1}{1-z}=-\frac{1}{z}\cdot\frac{1}{1-\frac{1}{z}}=-\frac{1}{z}(1+\frac{1}{z}+\frac{1}{z^2}+\cdots), \tag{4-16}$$

又由于 $|z|<2$，从而 $\left|\frac{z}{2}\right|<1$，有

$$f(z)=-\frac{1}{z}(1+\frac{1}{z}+\frac{1}{z^2}+\cdots)-\frac{1}{2}(1+\frac{z}{2}+\frac{z^2}{4}+\cdots)$$

$$=\cdots-\frac{1}{z^n}-\frac{1}{z^{n-1}}-\cdots-\frac{1}{z}-\frac{1}{2}-\frac{z}{4}-\frac{z^2}{8}-\cdots$$

(3) 在 $2<|z|<+\infty$ 内[图 4-6(c)]，由于 $|z|>2$，此时 $\left|\frac{2}{z}\right|<1$，

从而

$$\frac{1}{2-z}=-\frac{1}{z}\cdot\frac{1}{1-\frac{2}{z}}=-\frac{1}{z}(1+\frac{2}{z}+\frac{4}{z^2}+\cdots).$$

此时 $\left|\frac{1}{z}\right|<\left|\frac{2}{z}\right|<1$，

从而 $\frac{1}{1-z}=-\frac{1}{z}\cdot\frac{1}{1-\frac{1}{z}}=-\frac{1}{z}(1+\frac{1}{z}+\cdots).$

因此有

$$f(z) = \frac{1}{z}\left(1 + \frac{2}{z} + \frac{4}{z^2} + \cdots\right) - \frac{1}{z}\left(1 + \frac{1}{z} + \frac{1}{z^2} + \cdots\right)$$

$$= \frac{1}{z^2} + \frac{3}{z^3} + \frac{7}{z^4} + \cdots$$

$$= \sum_{n=2}^{+\infty} \frac{2^{n-1}-1}{z^n}.$$

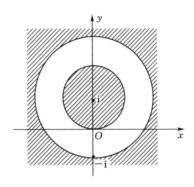

图 4-7

给定了函数 $f(z)$ 与复平面内一点 z_0 以后,由于这个函数可以在以 z_0 为中心的(由奇点隔开的)不同圆环域内解析,因而在不同的圆环域中可能有不同的洛朗展开式(包括泰勒展开式作为它的特例). 所谓洛朗展开式的唯一性,是指函数在一个给定区域内展开是唯一的.

在公式(4-13)中,令 $n = -1$,得

$$c_{-1} = \frac{1}{2\pi\mathrm{i}}\oint_C f(z)\mathrm{d}z \quad \text{或} \quad \oint_C f(z)\mathrm{d}z = 2\pi\mathrm{i}c_{-1}, \tag{4-17}$$

从而计算积分可转化为求被积函数的洛朗展开式中$(z - z_0)$的负一次幂项系数 c_{-1}.

【**例 4-12**】 求下列各积分的值:

(1) $\displaystyle\oint_{|z|=3} \frac{1}{z(z+1)(z+4)}\mathrm{d}z$;

(2) $\displaystyle\oint_{|z|=2} \frac{z\mathrm{e}^{\frac{1}{z}}}{1-z}\mathrm{d}z$.

解 (1) 函数 $f(z) = \dfrac{1}{z(z+1)(z+4)}$ 在圆环域 $1 < |z| < 4$ 内处处解析,并且 $|z| = 3$ 在该圆环域内. 其展开式为:

$$f(z) = \frac{1}{4z} - \frac{1}{3(z+1)} + \frac{1}{12(z+4)} = \frac{1}{4z} - \frac{1}{3z\left(1 + \dfrac{1}{z}\right)} + \frac{1}{48\left(1 + \dfrac{z}{4}\right)}$$

$$= \frac{1}{4z} - \frac{1}{3z} + \frac{1}{3z^2} - \cdots +$$

$$\frac{1}{48}\left(1 - \frac{z}{4} + \frac{z^2}{16} - \cdots\right).$$

有 $c_{-1} = \frac{1}{4} - \frac{1}{3} = -\frac{1}{12}$, 即

$$\oint_C \frac{1}{z(z+1)(z+4)}\mathrm{d}z = 2\pi\mathrm{i}\left(-\frac{1}{12}\right) = -\frac{\pi\mathrm{i}}{6}.$$

(2) 函数 $f(z) = \dfrac{z\mathrm{e}^{\frac{1}{z}}}{1-z}$ 在 $1 < |z| < +\infty$ 内解析, $|z| = 2$ 在此圆环域内, 把它在此圆环域内展开式为:

$$f(z) = \frac{\mathrm{e}^{\frac{1}{z}}}{-\left(1 - \frac{1}{z}\right)} = -\left(1 + \frac{1}{z} + \frac{1}{z^2} + \cdots\right)\left(1 + \frac{1}{z} + \frac{1}{2!}\frac{1}{z^2} + \cdots\right)$$

$$= -\left(1 + \frac{2}{z} + \frac{5}{2z^2} + \cdots\right).$$

故 $c_{-1} = -2$, 即

$$\oint_{|z|=2} \frac{z\mathrm{e}^{\frac{1}{z}}}{1-z}\mathrm{d}z = 2\pi\mathrm{i}c_{-1} = -4\pi\mathrm{i}.$$

洛朗级数与泰勒级数的关系如下:

泰勒展开式中的系数为

$$c_n = \frac{1}{2\pi\mathrm{i}}\oint_K \frac{f(\zeta)}{(\zeta - z_0)^{n+1}}\mathrm{d}\zeta, \quad (n = 0, 1, 2, \cdots) \tag{4-18}$$

洛朗展开式中的系数为

$$c_n = \frac{1}{2\pi\mathrm{i}}\oint_C \frac{f(\zeta)}{(\zeta - z_0)^{n+1}}\mathrm{d}\zeta, \quad (n = 0, \pm 1, \pm 2, \cdots) \tag{4-19}$$

式(4-18)与式(4-19)非常相似, 但式(4-19)中的积分一般不能利用高阶导数公式并把它写成 $\dfrac{1}{n!}f^{(n)}(z_0)$. 因为在圆域 $|z - z_0| < R_1$ 内可能还有其他奇点, 从而在简单闭曲线 C 内有奇点, 因此该积分不能写成 $\dfrac{1}{n!}f^{(n)}(z_0)$, 除非 $f(z)$ 在 $|z - z_0| < R_1$ 内处处解析. 此时由于 $(z - z_0)^{n+1}f(z)(n = 1, 2, \cdots)$ 在 C 的内部处处解析, 根据柯西定理可知

$$c_{-n} = \frac{1}{2\pi\mathrm{i}}\oint_C (\zeta - z_0)^{n-1}f(\zeta)\mathrm{d}\zeta = 0.$$

从而, 洛朗级数退化成为泰勒级数. 所以说, 洛朗级数是泰勒级数的推广.

习　题

1. 下列复数项级数是否收敛,如若收敛说明是绝对收敛还是条件收敛.

(1) $\sum\limits_{n=1}^{\infty} \left(\dfrac{4-3\mathrm{i}}{5}\right)^n$;

(2) $\sum\limits_{n=1}^{\infty} \dfrac{\mathrm{i}^n}{\ln n}$;

(3) $\sum\limits_{n=0}^{\infty} \dfrac{\cos \mathrm{i}n}{3^n}$.

2. 求下列级数的收敛半径,并写出收敛圆周上的收敛情况.

(1) $\sum\limits_{n=0}^{\infty} \dfrac{(z+\mathrm{i})^n}{n^p}$ (p 为正数);

(2) $\sum\limits_{n=0}^{\infty} (-\mathrm{i})^{n-1} \cdot \dfrac{2n-1}{2n} \cdot z^{2n-1}$.

3. 求级数 $\sum\limits_{n=1}^{\infty} (-1)^{n-1} \cdot nz^n$ 的和函数.

4. 用直接法将函数 $\dfrac{1}{1+z^2}$ 在 $|z-1|<\sqrt{2}$ 点处展开为泰勒级数(到 $(z-1)^4$ 项).

5. 用间接法将下列函数展开为泰勒级数,并指出其收敛半径.

(1) $\dfrac{1}{2z-3}$ 分别在 $z=0$ 和 $z=1$ 处;

(2) $\dfrac{1}{(1+z^2)^2}$ 在 $z=0$ 处;

(3) $\sin z^2$ 在 $z=0$ 处;

(4) $\mathrm{e}^{\frac{z}{z-1}}$ 在 $z=0$ 处;

(5) $\sin \dfrac{1}{1-z}$ 在 $z=0$ 处.

6. 将下列函数在指定的圆环域内展开为洛朗级数.

(1) $f(z) = \dfrac{2z+1}{z^2+z-2}, |z|<1; 1<|z|<2; 2<|z|<+\infty$.

(2) $\mathrm{e}^{\frac{1}{1-z}}, 1<|z|<+\infty$.

(3) $\sin \dfrac{1}{1-z}, 0<|z-1|<+\infty$.

第 5 章 留 数

§5.1 孤立奇点的类型

1. 孤立奇点

如果函数 $f(z)$ 在 z_0 处不解析,但是在 z_0 的某一个去心邻域 $\hat{U}(z_0,\delta)$ 内解析,则称 z_0 为 $f(z)$ 的孤立奇点.(注:与高等数学中的极限点做比较).

例如,$\dfrac{1}{z^2+1}$ 有孤立奇点 $i,-i$;$e^{\frac{1}{z}}$ 有孤立奇点 0.

对于函数 $f(z)=\dfrac{1}{\sin\dfrac{1}{z}}$,$z=0$ 是 $f(z)$ 的奇点,但不是 $f(z)$ 的孤立奇点.

(为什么?)

2. 孤立奇点的分类

设 z_0 为 $f(z)$ 的孤立奇点,则 $f(z)$ 在 z_0 的某个去心邻域内解析,因而可以展开为如下一个洛朗级数,且展开式是唯一的:

$$f(z) = \sum_{n=-\infty}^{+\infty} C_n(z-z_0)^n \quad z \in \hat{U}(z_0,\delta). \tag{5-1}$$

(1) 如果在洛朗级数中不含 $z-z_0$ 的负幂项,则称 z_0 为 $f(z)$ 的可去奇点;

(2) 如果在洛朗级数中含有限多个 $z-z_0$ 的负次幂项,且有限个负次幂项中关于 $(z-z_0)^{-1}$ 的最高幂为 $(z-z_0)^{-m}$,即

$$f(z)=C_{-m}(z-z_0)^{-m}+\cdots+C_{-1}(z-z_0)^{-1}+C_0+$$
$$C_1(z-z_0)+\cdots,(m\geqslant 1,C_{-m}\neq 0),$$

则称 z_0 为 $f(z)$ 的 m 级或者 m 阶极点.

(3) 如果在洛朗级数中含无穷多个 $(z-z_0)$ 的负次幂项,则称 z_0 为 $f(z)$ 的本性奇点.

3. 关于各类孤立奇点的讨论

（1）可去奇点

若 z_0 为 $f(z)$ 的可去奇点，设

$$f(z)=C_0+C_1(z-z_0)+\cdots+C_n(z-z_0)^n+\cdots \quad (0<|z-z_0|<\delta)$$

则上式右端为邻域 $|z-z_0|<\delta$ 内的解析函数，由此可知，只要改变或补充 $f(z)$ 在 z_0 处的定义 $[$令 $f(z_0)=C_0]$，那么 $f(z)$ 就成了 $|z-z_0|<\delta$ 内的解析函数了，所以称 z_0 为 $f(z)$ 可去奇点.（与实函数中可去的间断点作比较）

如 $z=0$ 为 $\dfrac{\sin z}{z}$ 的可去奇点，因为在 $z=0$ 的一个去心邻域内有

$$\frac{\sin z}{z}=1-\frac{1}{3!}z^2+\frac{1}{5!}z^4-\cdots,$$

只要约定 $\dfrac{\sin z}{z}$ 在 $z=0$ 处的值为 1，那么它就在 $z=0$ 处解析，即函数

$$f(x)=\begin{cases}\dfrac{\sin z}{z},z\neq0\\1,z=0\end{cases} \text{为解析函数.}$$

定理 5.1　如果 z_0 为 $f(z)$ 的可去奇点，则下列 3 个条件是等价的. 因而每一条都是可去奇点的判定条件.

① $f(z)$ 在 z_0 处的洛朗展开式中不含负次幂项；

② $\lim\limits_{z\to z_0}f(z)=a(a\neq\infty)$；

③ $f(z)$ 在 z_0 的某去心邻域内有界.

（证明略）.

（2）极点

若 z_0 为 $f(z)$ 的 m 级极点，则具有以下 3 个特征.

① $f(z)$ 在 z_0 点的主要部分为：

$$C_{-m}(z-z_0)^{-m}+\cdots+C_{-1}(z-z_0) \quad (C_{-m}\neq0);$$

② $f(z)$ 在 z_0 点的某去心邻域 $\hat{U}(z_0,\delta)$ 内能表示成

$$f(z)=(z-z_0)^{-m}g(z),$$

其中，$g(z)$ 在邻域 $U(z_0,\delta)$ 内解析，且 $g(z_0)\neq0$，m 为正整数（注：$g(z)$ 可能为分段函数）；

③ $\lim\limits_{z\to z_0}f(z)=\infty$.

（3）本性奇点

若 z_0 为 $f(z)$ 的本性奇点，则有下面结论.

定理 5.2　z_0 为 $f(z)$ 的本性奇点的充要条件是 $\lim\limits_{z \to z_0} f(z)$ 不存在或 $\lim\limits_{z \to z_0} \dfrac{1}{f(z)}$ 不存在.

由 (1) 和 (2) 讨论可知,若 z_0 为 $f(z)$ 的本性奇点,那么当 $z \to z_0$ 时,$f(z)$ 既不趋于 ∞,也不趋于一个有限值.

事实上,我们有如下的维尔斯特拉斯定理:如果 z_0 为 $f(z)$ 的本性奇点,则对于任何常数 A,不管它有限还是无穷,都有一个收敛于 z_0 的点列 $\{z_n\}$,使得

$$\lim_{z_n \to z_0} f(z_n) = A.$$

(证明略).

下面举一个例子说明这个定理.

设 $f(z) = e^{\frac{1}{z}}$,$z = 0$ 为 $f(z)$ 的本性奇点.

$A = \infty$,取 $z_n = \dfrac{1}{n}$,则有 $f(z_n) = e^n \to \infty$　$(n \to \infty)$;

$A = 0$,取 $z_n = -\dfrac{1}{n}$,则有 $f(z_n) = e^{-n} \to 0$　$(n \to \infty)$;

当 $A \neq \infty$,$A \neq 0$ 时,解方程 $e^{\frac{1}{z}} = A$ 得

$$z = \frac{1}{\mathrm{Ln}\, A} = \frac{1}{\mathrm{Ln}^A + 2k\pi \mathrm{i}}.$$

则取

$$z_n = \frac{1}{\ln A + 2n\pi \mathrm{i}} \quad (n = 1, 2, \cdots).$$

可知点列 $\{z_n\}$ 收敛于零且满足 $f(z_n) = A$,即满足

$$\lim_{z_n \to 0} f(z_n) = A.$$

4. 函数的零点与极点的关系

设

$$f(z) = (z - z_0)^m \varphi(z), \tag{5-2}$$

其中,$\varphi(z)$ 在 z_0 处解析,$\varphi(z_0) \neq 0$,m 为一正整数,则称 z_0 为 $f(z)$ 的 m 级或 m 阶零点.

如 $f(z) = (z-1)^2 z^3$,$z = 1$,$z = 0$ 分别为 $f(z)$ 的二级与三级零点.

如果 $f(z)$ 在 z_0 处解析,由 $f(z)$ 在 z_0 处的泰勒展式可以得出 z_0 为 $f(z)$ 的 m 级零点的充要条件为

$$f^{(n)}(z_0) = 0 \quad (n = 0, 1, 2, \cdots, m-1),\ \text{而}\ f^{(m)}(z_0) \neq 0.$$

可以验证 $z = 0$ 是 $f(z) = z - \sin z$ 的三级零点因为

$$f(0)=0, f'(0)=(1-\cos z)\big|_{z=0}=0, f''(0)=\sin z\big|_{z=0}=0,$$
$$f'''(0)=\cos z\big|_{z=0}=1\neq 0.$$

定理 5.3 若 z_0 为 $f(z)$ 的 m 级零点,则 z_0 就是 $\dfrac{1}{f(z)}$ 的 m 级极点,反之亦真.

证 若 z_0 为 $f(z)$ 的 m 级零点,则

$$f(z)=(z-z_0)^m\varphi(z).$$

其中,$\varphi(z)$ 在 z_0 处解析,$\varphi(z_0)\neq 0.$ 当 $z\neq z_0$ 时可得

$$\frac{1}{f(z)}=(z-z_0)^{-m}h(z),$$

而 $h(z)=\dfrac{1}{\varphi(z)}$ 在 z_0 处解析,$h(z_0)\neq 0$,那么 z_0 是 $\dfrac{1}{f(z)}$ 的 m 级极点.

反之,若 z_0 是 $\dfrac{1}{f(z)}$ 的 m 级极点,则

$$\frac{1}{f(z)}=(z-z_0)^{-m}g(z),$$

其中,$g(z)$ 在 z_0 处解析,$g(z_0)\neq 0.$ 当 $z\neq z_0$ 时有

$$f(z)=(z-z_0)^m\psi(z).$$

而 $\psi(z)=\dfrac{1}{g(z)}$ 在 z_0 解析,$g(z_0)\neq 0$,由于 $\lim\limits_{z\to z_0}f(z)=0$,可令 $f(z_0)=0$,因而 z_0 为 $f(z)$ 的 m 级零点.(注:实际为可去奇点).

上述定理为我们提供了一个判别函数极点包括其阶数的简单方法.

如函数

$$f(z)=\frac{2z+1}{(z-1)^2(z^2+1)},$$

$z=1$ 为 $f(z)$ 的二级极点,$z=\pm i$ 为 $f(z)$ 的两个一级极点.

但有的函数表达式不显然,如函数

$$f(z)=\frac{z-\sin z}{z^6},$$

$z=0$ 似乎是 $f(z)$ 的六级极点,事实上 $z=0$ 是 $f(z)$ 的三级极点.

注 以下结论很常用.

若 z_0 为 $f(z)$ 的 n 阶极点,z_0 为 $g(z)$ 的 n 阶零点,则 z_0 为

(1) $(f(z))^k$ 的 $m\cdot k$ 阶极点,

(2) $(g(z))^k$ 的 $n\cdot k$ 阶极点,

(3) $f(z)\cdot g(z)$ 的 $\begin{cases} m-n \text{ 阶极点}, m>n \\ \text{可去奇点}, m\leqslant n \end{cases}$,

其中，m,k,n 为正整数.

5. 函数在无穷远点的性态

以下在扩充复平面上，我们讨论函数在无穷远点的性态.

定义 5.1 若 $f(z)$ 在 $z=\infty$ 的去心邻域 $R<|z|<+\infty$ 内解析，则称 $z=\infty$ 为 $f(z)$ 的孤立奇点.

在扩充复平面上作变换 $z=\dfrac{1}{t}$，规定 $z=\infty$ 对应 $t=0$ 点，那么

$$f(z)=f\left(\frac{1}{t}\right)=\varphi(t),$$

$t=0$，即为 $\varphi(t)$ 在 t 平面上的一个孤立奇点. 相应地 $\varphi(t)$ 在去心邻域 $0<|t|<\dfrac{1}{R}$ 内解析，由此对函数 $f(z)$ 在 $R<|z|<+\infty$ 内的研究可转化为对函数 $\varphi(t)$ 在 $0<|t|<\dfrac{1}{R}$ 内的研究.

$f(z)$ 在去心邻域 $R<|z|<+\infty$ 内的洛朗级数式为

$$f(z)=\sum_{n=-\infty}^{\infty}C_n z^n. \tag{5-3}$$

相应地，$\varphi(t)$ 在 $0<|t|<\dfrac{1}{R}$ 的洛朗级数为

$$\varphi(t)=\sum_{n=1}^{\infty}C_{-n}t^n+c_0+\sum_{n=1}^{\infty}C_n t^{-n}.$$

【例 5-1】 函数

$$f(z)=\frac{(z^2-1)(z-2)^3}{(\sin \pi z)^3}$$

在扩充平面内有些什么类型的奇点？如果是极点，指出它的级.

解 易知函数 $f(z)$ 除使分母为零的点 $z=0,\pm1,\pm2,\cdots$ 外，在 $|z|<+\infty$ 内解析. 由于 $(\sin \pi z)'=\pi\cos \pi z$ 在 $z=0,\pm1,\pm2,\cdots$ 处均不为零，因此这些点都是 $\sin \pi z$ 的一级零点，从而是 $(\sin \pi z)^3$ 的三级零点，所以这些点中除去 1，$-1,2$ 外都是 $f(z)$ 的三级极点.

因为 $z^2-1=(z-1)(z+1)$ 是以 1 与 -1 为一级零点，所以 1 与 -1 是 $f(z)$ 的二级极点.

至于 $z=2$，因为

$$\lim_{z\to2}f(z)=\lim_{z\to2}\frac{(z^2-1)(z-2)^3}{(\sin \pi z)^3}=\lim_{z\to2}(z^2-1)\cdot\left(\frac{z-2}{\sin \pi z}\right)^3$$

$$= \lim_{\xi \to 0} [(\xi+2)^2 - 1] \left(\frac{\pi\xi}{\sin \pi\xi} \right)^3 \cdot \frac{1}{\pi^3} = \frac{3}{\pi^3},$$

所以 $z=2$ 是 $f(z)$ 的可去奇点.

§5.2　留　　数

1. 留数的定义与留数定理

定义 5.2　设 z_0 为 $f(z)$ 的一个孤立奇点,$f(z)$ 在 z_0 的一个去心邻域内的洛朗级数

$$f(z) = \sum_{n=-\infty}^{\infty} c_n (z-z_0)^n \quad (0 < |z-z_0| < R) \tag{5-4}$$

的负一次幂系数 C_{-1} 称为 $f(z)$ 在 z_0 处的留数,记为 $\mathrm{Res}[f(z), z_0]$. 即

$$\mathrm{Res}[f(z), z_0] = C_{-1}. \tag{5-5}$$

由上面的定义可知:如果 z_0 是 $f(z)$ 的可去奇点,则 $f(z)$ 在 z_0 处的洛朗级数不含负幂项,此时 $C_{-1}=0$.

在去心邻域 $\hat{U}(z_0, R)$ 内作一条围绕 z_0 的简单闭曲线 C,在展开式(5-4)两端沿 C 逐项积分,右端各项积分除 $C_{-1}(z-z_0)^{-1}$ 一项等于 $2\pi i C_{-1}$ 外,其余各项积分为零,所以

$$\oint_C f(z) \mathrm{d}z = 2\pi i C_{-1},$$

即

$$C_{-1} = \frac{1}{2\pi i} \oint_C f(z) \mathrm{d}z.$$

正因为如此,我们把 C_{-1} 称为 $f(z)$ 在孤立奇点 z_0 处的留数.

定理 5.4(留数定理)　设函数 $f(z)$ 在区域 D 内除有限个孤立奇点 z_1,$z_2, \cdots, z_n$ 外处处解析,C 是 D 内包围所有奇点的一条正向简单闭曲线(图 5-1),那么

$$\oint_C f(z) \mathrm{d}z = 2\pi i \sum_{k=1}^{n} \mathrm{Res}[f(z), z_k]. \tag{5-6}$$

证　在 C 内作互不包含互不相交的 k 条简单正向闭曲线 C_k 分别围绕孤立奇点 $z_k(k=1, 2, \cdots, n)$,则由复合闭路定理可知

$$\oint_C f(z) \mathrm{d}z = \sum_{k=1}^{n} \oint_{C_k} f(z) \mathrm{d}z.$$

可得

$$\frac{1}{2\pi i}\oint_C f(z)\mathrm{d}z=\frac{1}{2\pi i}\sum_{k=1}^{n}\oint_{C_k}f(z)\mathrm{d}z.$$

即

$$\frac{1}{2\pi i}\oint_C f(z)\mathrm{d}z=\sum_{k=1}^{n}\mathrm{Res}[f(z),z_k].$$

从而可得

$$\oint_C f(z)\mathrm{d}z=2\pi i\sum_{k=1}^{n}\mathrm{Res}[f(z),z_k].$$

由留数定理可知,求沿闭曲线 C 的积分可以转化为计算函数 $f(z)$ 在 C 内各孤立奇点的留数和.

2. 留数的计算

原则上来说,求函数 $f(z)$ 在孤立奇点 z_0 处的留数,就是求 $f(z)$ 在 z_0 处洛朗展开式中 $(z-z_0)^{-1}$ 的系数 C_{-1},下面我们给出一些留数的计算规则.

规则 1　如果 z_0 为 $f(z)$ 的一级极点,那么

$$\mathrm{Res}[f(z),z_0]=\lim_{z\to z_0}(z-z_0)f(z). \tag{5-7}$$

规则 2　如果 z_0 为 $f(z)$ 的 m 级极点,那么

$$\mathrm{Res}[f(z),z_0]=\frac{1}{(m-1)!}\lim_{z\to z_0}\frac{\mathrm{d}^{m-1}}{\mathrm{d}z^{m-1}}[(z-z_0)^m f(z)]. \tag{5-8}$$

事实上,因为 z_0 为 $f(z)$ 的 m 级极点,$f(z)$ 在 z_0 处的洛朗级数可以表示为

$$f(z)=C_{-m}(z-z_0)^{-m}+\cdots+C_{-1}(z-z_0)^{-1}+C_0+C_1(z-z_0)+\cdots\quad(C_{-m}\neq0).$$

两边同乘 $(z-z_0)^m$ 再求 $m-1$ 次导数可得

$$\frac{\mathrm{d}^{m-1}}{\mathrm{d}z^{m-1}}[(z-z_0)^m f(z)]=(m-1)!\,C_{-1}+\{\text{含有}(z-z_0)\text{正幂的项}\}.$$

令 $z\to z_0$,两边求极限可得

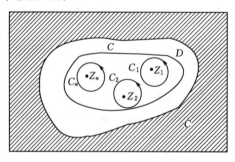

图 5-1

$$(m-1)!\ C_{-1}=\lim_{z\to z_0}\frac{d^{m-1}}{dz^{m-1}}\big[(z-z_0)^m f(z)\big].$$

即

$$\text{Res}\big[f(z),z_0\big]=C_{-1}=\frac{1}{(m-1)!}\lim_{z\to z_0}\frac{d^{m-1}}{dz^{m-1}}\big[(z-z_0)^m f(z)\big].$$

当 $m=1$ 时,可以得到规则 1.

特别地,若 $f(z)=\dfrac{\varphi(z)}{(z-z_0)^m}$,其中 $\varphi(z)$ 在 z_0 处解析,$\varphi(z_0)\neq0$,则

$$\text{Res}\big[f(z),z_0\big]=\frac{\varphi^{(m-1)}(z_0)}{(m-1)!}. \tag{5-9}$$

规则 3　设 $f(z)=\dfrac{P(z)}{Q(z)}$,$P(z)$ 及 $Q(z)$ 在 z_0 处都解析,如果 $P(z_0)\neq0$,$Q(z_0)=0,Q'(z_0)\neq0$,那么 z_0 为 $f(z)$ 的一级极点,进而

$$\text{Res}\big[f(z),z_0\big]=\frac{P(z_0)}{Q'(z_0)}. \tag{5-10}$$

事实上,因为 $Q(z_0)=0$ 及 $Q'(z_0)\neq0$,所以 z_0 为 $Q(z)$ 的一级零点,也是 $\dfrac{1}{Q(z)}$ 的一级极点.

由规则 1,$\text{Res}\big[f(z),z_0\big]=\lim\limits_{z\to z_0}(z-z_0)f(z)$,而 $Q(z_0)=0$,故

$$\lim_{z\to z_0}(z-z_0)f(z)=\lim_{z\to z_0}\frac{P(z)}{\dfrac{Q(z)-Q(z_0)}{z-z_0}}=\frac{P(z_0)}{Q'(z_0)}.$$

【例 5-2】　计算积分

$$I=\oint_{|z|=2}\frac{5z-2}{z(z-1)^2}dz.$$

解　被积函数在圆周 $|z|=2$ 内有一个一级极点 $z=0$ 与有个二级极点 $z=1$.

$$\text{Res}\big[f(z),0\big]=\lim_{z\to0}z\cdot\frac{5z-2}{z(z-1)^2}=-2,$$

$$\text{Res}\big[f(z),1\big]=\lim_{z\to1}\Big[(z-1)^2\cdot\frac{5z-2}{z(z-1)^2}\Big]'=\lim_{z\to0}\frac{2}{z^2}=2.$$

由留数定理可知

$$I=2\pi i\{\text{Res}\big[f(z),0\big]+\text{Res}\big[f(z),1\big]\}=2\pi i(-2+2)=0.$$

【例 5-3】　计算积分 $\oint_C\dfrac{z}{z^4-1}dz$,$C$ 为正向圆周:$|z|=2$.

解　被积函数 $f(z)=\dfrac{z}{z^4-1}$ 有四个一级极点 $\pm1,\pm i$,都在圆周 C 内,所以

$$\oint_C \frac{z}{z^4-1}\mathrm{d}z = 2\pi\mathrm{i}\{\mathrm{Res}[f(z),1] + \mathrm{Res}[f(z),-1]$$
$$+ \mathrm{Res}[f(z),\mathrm{i}] + \mathrm{Res}[f(z),-\mathrm{i}]\},$$

由规则 3, $\dfrac{P(z)}{Q'(z)} = \dfrac{z}{4z^3} = \dfrac{1}{4z^2}$, 故

$$\oint_C \frac{z}{z^4-1}\mathrm{d}z = 2\pi\mathrm{i}\left\{\frac{1}{4}+\frac{1}{4}-\frac{1}{4}-\frac{1}{4}\right\} = 0.$$

【例 5-4】 计算 $\displaystyle\oint_{|z|=1} \frac{\cos z}{z^3}\mathrm{d}z$.

解 $f(z) = \dfrac{\cos z}{z^3}$ 以 $z=0$ 为三级极点, 故

$$\mathrm{Res}[f(z),0] = \frac{1}{2!}\lim_{z\to 0}\left[z^3 \cdot \frac{\cos z}{z^3}\right]'' = -\frac{1}{2}.$$

由留数定理得

$$\oint_{|z|=1} \frac{\cos z}{z^3}\mathrm{d}z = 2\pi\mathrm{i}\left(-\frac{1}{2}\right) = -\pi\mathrm{i}.$$

【例 5-5】 计算积分 $\displaystyle\oint_{|z|=n} \tan \pi z\,\mathrm{d}z$ (n 为正整数).

解 $\tan \pi z = \dfrac{\sin \pi z}{\cos \pi z}$, 以 $z_k = k+\dfrac{1}{2}(k=0,\pm 1,\cdots)$ 为一级极点, 由求留数的规则 3 可知

$$\mathrm{Res}[f(z),z_k] = \frac{\sin \pi z}{(\cos \pi z)'}\bigg|_{z=k+\frac{1}{2}} = -\frac{1}{\pi}.$$

于是, 由留数定理可得

$$\oint_{|z|=n} \tan \pi z\,\mathrm{d}z = 2\pi\mathrm{i}\sum_{|k+\frac{1}{2}|<n} \mathrm{Res}[f(z),z_k] = 2\pi\mathrm{i}\left(-\frac{2n}{\pi}\right) = -4n\mathrm{i}$$

【例 5-6】 计算积分 $\displaystyle\oint_{|z|=1} \frac{z\sin z}{(1-\mathrm{e}^z)^3}\mathrm{d}z$.

解 被积函数在 $|z|=1$ 内有孤立奇点 $z=0$, 奇点的类型显然为一阶极点, 可利用洛朗展开式求留数.

$$\frac{z\sin z}{(1-\mathrm{e}^z)^3} = \frac{z\left(z-\dfrac{z^3}{3!}+\cdots\right)}{-\left(z+\dfrac{z^2}{2!}+\cdots\right)^3} = -\frac{z^2}{z^3}\frac{\left(1-\dfrac{z^2}{3!}+\cdots\right)}{\left(1+\dfrac{z}{2!}+\cdots\right)^3} = -\frac{1}{z}\varphi(z).$$

$\varphi(z)$ 在 $z=0$ 处解析, 且 $\varphi(0)=1$, 由此可知 $c_{-1}=-1$, 即

$$\mathrm{Res}[f(z),0] = -1.$$

故

$$\oint_{|z|=1} \frac{z\sin z}{(1-\mathrm{e}^z)^3}\mathrm{d}z = -2\pi\mathrm{i}.$$

(注:此题也可用本节规则 **1** 去求,课堂练习)

3. 函数在无穷远点的留数

定义 5.3　设 ∞ 为 $f(z)$ 的一个孤立奇点,即 $f(z)$ 在去心邻域 $R<|z|<$ $+\infty$ 内解析,C 为该邻域内一条简单正向闭曲线,称为积分

$$\frac{1}{2\pi\mathrm{i}}\oint_{C^-}f(z)\mathrm{d}z$$

为 $f(z)$ 在 ∞ 点处的留数,即 $\mathrm{Res}[f(z),\infty]$.

由定义可以看出,$f(z)$ 在 ∞ 点的留数即为 $f(z)$ 在 ∞ 点的去心邻域 $R<$ $|z|<+\infty$ 内洛朗展开式中 z^{-1} 系数的负值,也即

$$\mathrm{Res}[f(z),\infty]=-C_{-1}. \tag{5-11}$$

很容易就得到如下定理.

定理 5.5　如果 $f(z)$ 在扩充复平面上只有有限个孤立奇点(包括 ∞ 点),那么 $f(z)$ 在各奇点处留数的总和为零.

证　设 $f(z)$ 在扩充复平面内的所有有限孤立奇点为 $z_k(k=1,2,\cdots,n)$,作曲线 C(取正向)将 $z_k(k=1,2,\cdots,n)$ 包含在内,则由留数定理可知

$$\mathrm{Res}[f(z),\infty]+\sum_{k=1}^{n}\mathrm{Res}[f(z),z_k]=\frac{1}{2\pi\mathrm{i}}\oint_{C^-}f(z)\mathrm{d}z+\frac{1}{2\pi\mathrm{i}}\oint_{C}f(z)\mathrm{d}z=0.$$

对于计算无穷远点的留数,我们有如下的规则.

规则 4　$\mathrm{Res}[f(z),\infty]=-\mathrm{Res}\left[f\left(\dfrac{1}{z}\right)\cdot\dfrac{1}{z^2},0\right].$ $\tag{5-12}$

【例 5-7】　计算积分 $\oint_{C}\dfrac{z}{z^4-1}\mathrm{d}z$,$C$ 为正向圆周:$\{z:|z|=2\}$(即例 5-3).

解　函数 $\dfrac{z}{z^4-1}$ 在 $\{z:|z|=2\}$ 的外部除 ∞ 点外没有其他奇点.因而

$$\oint_{C}\frac{z}{z^4-1}\mathrm{d}z=-2\pi\mathrm{i}\mathrm{Res}[f(z),\infty]=2\pi\mathrm{i}\mathrm{Res}\left[f\left(\frac{1}{z}\right)\cdot\frac{1}{z^2},0\right]$$

$$=2\pi\mathrm{i}\mathrm{Res}\left[\frac{z}{1-z^4},0\right]=0.$$

【例 5-8】　计算积分 $I=\oint_{|z|=4}\dfrac{z^{15}}{(z^2+1)^2(z^4+2)^3}\mathrm{d}z.$

解　被积函数共有 7 个奇点:$z=\pm\mathrm{i}$,$z=\sqrt[4]{2}\,\mathrm{e}^{\frac{\pi+2k\pi}{4}\mathrm{i}}(k=0,1,2,3)$ 以及 $z=$

∞,前 6 个奇点均在 $|z|=4$ 内,因而只要计算 $f(z)$ 在 $z=\infty$ 处的留数就可以了.

$$I=-2\pi\mathrm{i}\mathrm{Res}[f(z),\infty].$$

现用规则 4 求 $f(z)$ 在 ∞ 点的留数

$$\frac{1}{z^2}f\left(\frac{1}{z}\right)=\frac{z^{-15}}{z^2\left(\frac{1}{z^2}+1\right)^2\left(\frac{1}{z^4}+2\right)^3}=\frac{1}{z(1+z^2)^2(1+2z^4)^3}.$$

从而

$$\mathrm{Res}\left[\frac{1}{z^2}f\left(\frac{1}{z}\right),0\right]=1$$

故

$$\mathrm{Res}[f(z),\infty]=-1.$$

即

$$I=2\pi\mathrm{i}.$$

§5.3 用留数计算实积分

利用留数也可以计算实定积分,特别对一些被积函数的原函数不易求出的实积分是很有效的工具,即便是一般的求定积分有时用留数也是比较方便的.这方面的内容是庞杂的,在这里只举几个例子说明而不作全面的阐述.

例如 $\int_0^{2\pi}R(\cos\theta,\sin\theta)\mathrm{d}\theta$ 的积分,其中 $R(\cos\theta,\sin\theta)$ 为 $\cos\theta$ 与 $\sin\theta$ 的双有理函数,并且在 $[0,2\pi]$ 上连续.令 $z=\mathrm{e}^{\mathrm{i}\theta}$ 则

$$\cos\theta=\frac{z+z^{-1}}{2},\sin\theta=\frac{z-z^{-1}}{2\mathrm{i}},\mathrm{d}\theta=\frac{\mathrm{d}z}{\mathrm{i}z}.$$

当 θ 由 0 变到 2π 时,z 沿单位圆周 $|z|=1$ 正向绕行一周,因而有

$$\int_0^{2\pi}R(\cos\theta,\sin\theta)\mathrm{d}\theta=\oint_{|z|=1}R\left(\frac{z+z^{-1}}{2},\frac{z-z^{-1}}{2\mathrm{i}}\right)\frac{\mathrm{d}z}{\mathrm{i}z}. \tag{5-12}$$

右端为有理函数沿曲线的积分,并且在积分路径上无奇点,应用留数定理就可以求得积分的值.

注 本题的方法是第 3 章中的例 3-3 的逆运算.

【**例 5-9**】 计算 $I=\int_0^{2\pi}\frac{\cos2\theta}{1-2p\cos\theta+p^2}\mathrm{d}\theta$ $(0<p<1)$ 的值.

解 由于 $0<p<1$,被积函数的分母 $1-2p\cos\theta+p^2=(1-p)^2+2p(1-\cos\theta)$ 在 $0\leqslant\theta\leqslant2\pi$ 内不为零,因而积分是有意义的.由于

$$\cos2\theta=\frac{1}{2}(\mathrm{e}^{2\mathrm{i}\theta}+\mathrm{e}^{-2\mathrm{i}\theta})=\frac{1}{2}(z^2+z^{-2}),$$

因此

$$I = \oint_{|z|=1} \frac{z^2 + z^{-2}}{2} \cdot \frac{1}{1 - 2p \dfrac{z + z^{-1}}{2} + p^2} \cdot \frac{\mathrm{d}z}{\mathrm{i}z}$$

$$= \oint_{|z|=1} \frac{1 + z^4}{2\mathrm{i}z^2(1-pz)(z-p)} \mathrm{d}z = \oint_{|z|=1} f(z)\mathrm{d}z.$$

在被积函数的三个极点 $z=0,p,\dfrac{1}{p}$ 中只有前两个在圆周 $|z|=1$ 内,其中 $z=0$ 为二级极点,$z=p$ 为一级极点,在圆周 $|z|=1$ 上被积函数无奇点,而

$$\mathrm{Res}[f(z),0] = \lim_{z \to 0} \frac{\mathrm{d}}{\mathrm{d}z}\left[z^2 \cdot \frac{1+z^4}{2\mathrm{i}z^2(1-pz)(z-p)} \right]$$

$$= \lim_{z \to 0} \frac{(z - pz^2 - p + p^2 z)4z^3 - (1+z^4)(1-2pz+p^2)}{2\mathrm{i}(z-pz^2-p+p^2z)^2}$$

$$= -\frac{1+p^2}{2\mathrm{i}p^2},$$

$$\mathrm{Res}[f(z),p] = = \lim_{z \to p}\left[(z-p) \cdot \frac{1+z^4}{2\mathrm{i}z^2(1-pz)(z-p)}\right] = \frac{1+p^4}{2\mathrm{i}p^2(1-p^2)},$$

因此

$$I = 2\pi\mathrm{i}\left[-\frac{1+p^2}{2\mathrm{i}p^2} + \frac{1+p^4}{2\mathrm{i}p^2(1-p^2)} \right] = \frac{2\pi p^2}{1-p^2}.$$

(2) 形如 $\displaystyle\int_{-\infty}^{\infty} R(x)\mathrm{d}x$ 的积分,当被积函数 $R(x)$ 是 x 的有理函数,且分母的次数比分子次数至少高二次,并且 $R(z)$ 在实轴上没有孤立奇点时,积分是存在的.

设

$$R(z) = \frac{z^n + a_1 z^{n-1} + \cdots + a_n}{z^m + b_1 z^{m-1} + \cdots + b_m}, m-n \geqslant 2$$

为一个已约分式.

我们取积分路线如图 5-2 所示,其中 C_R 是在上半平面以原点为中心,R 为半径的在半圆周,取 R 适当大,使 $R(z)$ 在上半平面内的极点 z_k 都包含在这积分路线内,根据留数定理,得

$$\int_{-R}^{R} R(x)\mathrm{d}x + \int_{C_R} R(z)\mathrm{d}z = 2\pi\mathrm{i}\sum \mathrm{Res}[R(z),z_k]. \qquad (5\text{-}13)$$

闭路变形定理知这个等式(5-13),不因 R 不断增大而改变.

因为

$$|R(z)| = \frac{1}{|z|^{m-n}} \cdot \frac{|1 + a_1 z^{-1} + \cdots + a_n z^{-n}|}{|1 + b_1 z^{-1} + \cdots + b_m z^{-m}|}$$

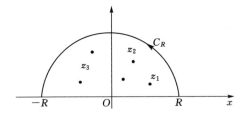

图 5-2

$$\leqslant \frac{1}{|z|^{m-n}} \cdot \frac{1+|a_1 z^{-1}+\cdots+a_n z^{-n}|}{1-|b_1 z^{-1}+\cdots+b_m z^{-m}|},$$

而当 $|z|$ 充分大时,总可使

$$|a_1 z^{-1}+\cdots+a_n z^{-n}|<\frac{1}{20}, \quad |b_1 z^{-1}+\cdots+b_m z^{-m}|<\frac{1}{20}.$$

由于 $m-n\geqslant 2$,故有

$$|R(z)|<\frac{1}{|z|^{m-n}} \cdot \frac{1+\frac{1}{20}}{1-\frac{1}{20}}<\frac{2}{|z|^2}.$$

因此,在半径 R 充分大的 C_R 上,有

$$\left|\int_{C_R} R(z)\mathrm{d}z\right| \leqslant \int_{C_R} |R(z)| \,\mathrm{d}s \leqslant \frac{2}{R^2} \cdot \pi R = \frac{2\pi}{R},$$

所以当 $R\to+\infty$ 时,$\int_{C_R} R(z)\mathrm{d}z \to 0$,从而由(5-13)可得

$$\int_{-\infty}^{+\infty} R(x)\mathrm{d}x = 2\pi\mathrm{i}\sum \mathrm{Res}[R(z),z_k]. \tag{5-14}$$

推论

如果 $R(x)$ 为偶函数,那么

$$\int_{0}^{+\infty} R(x)\mathrm{d}x = \pi\mathrm{i}\sum \mathrm{Res}[R(z),z_k]. \tag{5-15}$$

【例 5-10】 设 $a>0$,计算积分 $\int_{0}^{+\infty}\dfrac{\mathrm{d}x}{x^4+a^4}$.

解 $R(z)=\dfrac{1}{z^4+a^4}$ 共有四个一级极点

$$z_k=a\mathrm{e}^{\frac{\pi+2k\pi}{4}\mathrm{i}} \quad (k=0,1,2,3),$$

由留数计算规则 3 得

$$\mathrm{Res}[R(z),z_k]=\frac{1}{4z^3}\bigg|_{z=z_k}=\frac{1}{4z_k^3}=\frac{-z_k}{4a^4}.$$

$R(z)$在上半平面内只有两个极点 z_0 及 z_1,于是有

$$\int_0^{+\infty} \frac{\mathrm{d}x}{x^4+a^4} = -\pi\mathrm{i}\,\frac{1}{4a^4}(a\mathrm{e}^{\frac{\pi}{4}\mathrm{i}} + a\mathrm{e}^{\frac{3\pi}{4}\mathrm{i}})$$

$$= -\pi\mathrm{i}\,\frac{1}{4a^3}(\mathrm{e}^{\frac{\pi}{4}\mathrm{i}} - \mathrm{e}^{-\frac{\pi}{4}\mathrm{i}})$$

$$= \frac{\pi}{2a^3}\sin\frac{\pi}{4} = \frac{\pi}{2\sqrt{2}\,a^3}.$$

习 题

1. 指出下列函数的奇点及其类型,若是极点,指出它的级.

(1) $\dfrac{1}{z^3(z^2+1)^2}$;

(2) $\mathrm{e}^{\frac{z}{1-z}}$;

(3) $\dfrac{1}{z^2(\mathrm{e}^z-1)}$;

(4) $\dfrac{\mathrm{e}^z\sin z}{z^2}$.

2. 求下列函数在各有限奇点处的留数.

(1) $\dfrac{1-\mathrm{e}^{2z}}{z^4}$;

(2) $\dfrac{1}{(1+z^2)^3}$;

(3) $z^2\sin\dfrac{1}{z}$.

3. 计算下列函数在 $z=\infty$ 的留数.

(1) $\mathrm{e}^{\frac{1}{z^2}}$;

(2) $\cos z - \sin z$;

(3) $\dfrac{2z}{3+z^2}$;

(4) $\dfrac{\mathrm{e}^z}{z^2-1}$.

4. 利用留数定理计算下列积分.

(1) $\oint_c \dfrac{1}{1+z^4}\mathrm{d}z, C: x^2+y^2=2x$;

(2) $\oint_c \dfrac{3z^2+2}{(z-1)(z^2+9)}\mathrm{d}z, C: \{z: |z|=4\}$;

(3) $\oint_C \dfrac{\sin z}{z}\mathrm{d}z, C:\{z: |z|=\dfrac{3}{2}\}$；

(4) $\oint_C \tan \pi z \mathrm{d}z, C:\{z: |z|=3\}$.

5. 计算下列积分.

(1) $\oint_C \dfrac{z^{13}}{(z^2+5)^3(z^4+1)^2}\mathrm{d}z, C:\{z: |z|=3\}$；

(2) $\oint_C \dfrac{1}{(z-1)(z^5-1)}\mathrm{d}z, C:\{z: |z|=\dfrac{3}{2}\}$；

(3) $\oint_C \dfrac{2\mathrm{i}}{z^2+2az-1}\mathrm{d}z, a>1, C:\{z: |z|=1\}$；

(4) $\oint_{|z|=2} \dfrac{z^3}{z+1}\mathrm{e}^{\frac{1}{z}}\mathrm{d}z$.

6. 计算下列积分.

(1) $\displaystyle\int_0^{2\pi} \dfrac{\mathrm{d}\theta}{a+b\cos\theta}(0<b<a)$；

(2) $\displaystyle\int_0^{\pi} \dfrac{\mathrm{d}\theta}{a^2+\sin^2\theta}(a>0)$；

(3) $\displaystyle\int_{-\infty}^{\infty} \dfrac{x^2-x+2}{x^4+10x^2+9}\mathrm{d}x$；

(4) $\displaystyle\int_0^{+\infty} \dfrac{x^2+1}{x^4+1}\mathrm{d}x$.

第 6 章　场　　论

在物理学中,"场"通常用来表示某种物理量在空间的一个区域上的分布. 例如,根据空间各点上的温度可以确定一个温度场,流动的流体(空气、水等)在各点流动的速度确定一个速度场,加速度构成一个加速度场等."场论"就是研究各种物理量在空间的分布和运动规律的理论.

如果物理量可以用某一数量(标量)来表示,则称之为数量场或标量场,如温度场、密度场、电位场等;如果物理量需要某个向量(矢量)表示,那么就称之为向量场或矢量场,如力场、速度场、加速度场等. 从数学的观点来看,空间区域确定了一个场,也就是在该区域定义了一个关于位置的函数. 换句话说,场的概念和点的函数概念没有差别. 需要说明的是,有些场还和时间有关. 例如,某个区域上各点的温度在一天的不同时刻可以是不一样的. 这种随时间变化场称为不稳定场,与时间无关的场称为稳定场. 本章只考虑稳定场.

本章内容包括向量分析,数量场的方向导数与梯度,向量场的通量与散度,向量场的环量与旋度以及几种重要的向量场等.

§6.1　向　量　分　析

向量分析(或矢量分析)是场论中最基本的数学工具之一,它是向量代数的继续. 其主要内容是向量值函数及其微积分. 我们主要介绍一元向量值函数,多元向量值函数可由一元向量值函数做相应的推广.

1. 向量值函数

定义 6.1　如果在某个范围 Ω 内对每一个数性变量 t,按照一定的对应法则总有一个确定的向量 A 与之对应,则称向量 A 是数性变量 t 的向量值函数,记作

$$A = A(t), \tag{6-1}$$

并称 Ω 为函数 A 的定义域. 数性变量 t 可以是坐标变量也可以是时间变量,或兼而有之. 例如在静电场中,电场强度 E 就是坐标变量的向量值函数,而在时

变电磁场中,电场强度 E 是关于坐标变量和时间变量的向量值函数.

向量值函数 A 可以在任何坐标系中进行分解,如在直角坐标系中就有

$$A(t)=A_x(t)i+A_y(t)j+A_z(t)k,\qquad(6\text{-}2)$$

其中 i、j、k 为直角坐标系三个坐标轴(x 轴、y 轴、z 轴)方向的单位向量,$A_x(t)$、$A_y(t)$、$A_z(t)$ 是 $A(t)$ 在三个坐标轴上的投影. 可见一个向量值函数和三个有序的数性函数构成一一对应关系.

2. 矢端曲线

为了能用图形来直观地表示向量值函数 $A(t)$ 的变化状态,可以把 $A(t)$ 的起点取在坐标原点. 这样当 t 变化时,向量 $A(t)$ 的终点 M 就描绘出一条曲线 l(图 6-1),这条曲线叫作向量值函数 $A(t)$ 的矢端曲线,或叫作向量值函数 $A(t)$ 的图形. 同时称式(6-1)或式(6-2)为此曲线的向量方程.

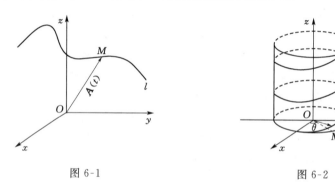

图 6-1　　　　　　　　　　图 6-2

例如,螺旋线(图 6-2)的参数方程为

$$\begin{cases} x=a\cos t, \\ y=a\sin t, \\ z=bt, \end{cases}$$

那么它的向量方程就是

$$r=a\cos t\,i+a\sin t\,j+bt\,k.$$

3. 向量值函数的导数

向量值函数与数性函数研究方法类似,其连续性及微分、积分性质与数性函数的性质是平行的.这里简单介绍其导数与积分.

(1)导数定义

定义 6.2 设向量值函数 $A(t)$ 在点 t 的邻域内有定义,且 $t+\Delta t$ 也在此邻

域内.若极限

$$\lim_{\Delta t \to 0} \frac{\Delta \boldsymbol{A}}{\Delta t} = \lim_{\Delta t \to 0} \frac{\boldsymbol{A}(t+\Delta t) - \boldsymbol{A}(t)}{\Delta t}$$

存在,则称此极限为向量值函数 $\boldsymbol{A}(t)$ 在点 t 处的导数,记作 $\dfrac{\mathrm{d}\boldsymbol{A}}{\mathrm{d}t}$ 或 $\boldsymbol{A}'(t)$,即

$$\frac{\mathrm{d}\boldsymbol{A}}{\mathrm{d}t} = \lim_{\Delta t \to 0} \frac{\Delta \boldsymbol{A}}{\Delta t} = \lim_{\Delta t \to 0} \frac{\boldsymbol{A}(t+\Delta t) - \boldsymbol{A}(t)}{\Delta t}. \tag{6-3}$$

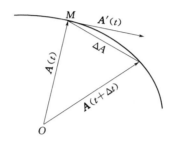

图 6-3

显然,向量值函数的导数仍为一向量,并且

$$\frac{\mathrm{d}\boldsymbol{A}}{\mathrm{d}t} = \frac{\mathrm{d}\boldsymbol{A}_x}{\mathrm{d}t}\boldsymbol{i} + \frac{\mathrm{d}\boldsymbol{A}_y}{\mathrm{d}t}\boldsymbol{j} + \frac{\mathrm{d}\boldsymbol{A}_z}{\mathrm{d}t}\boldsymbol{k}. \tag{6-4}$$

　　类似地,可以定义向量值函数的二阶、三阶导数.

　　向量值函数的微分定义为

$$\mathrm{d}\boldsymbol{A}(t) = \boldsymbol{A}'(t)\mathrm{d}t. \tag{6-5}$$

同样,向量微分也可以用其分量微分来表示:

$$\mathrm{d}\boldsymbol{A}(t) = \mathrm{d}\boldsymbol{A}_x(t)\boldsymbol{i} + \mathrm{d}\boldsymbol{A}_y(t)\boldsymbol{j} + \mathrm{d}\boldsymbol{A}_z(t)\boldsymbol{k}. \tag{6-6}$$

　　(2) 导数的几何意义

　　l 为 $\boldsymbol{A}(t)$ 的矢端曲线(图 6-4),$\dfrac{\Delta \boldsymbol{A}}{\Delta t}$ 是在 l 的割线 MN 上的一个向量. 当 $\Delta t > 0$ 时,其指向与 $\Delta \boldsymbol{A}$ 一致,系指向对应 t 值增大的一方. 当 $\Delta t < 0$ 时,其指向

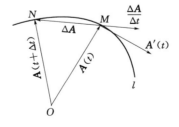

图 6-4

与 $\Delta \boldsymbol{A}$ 相反,但此时 $\Delta \boldsymbol{A}$ 指向对应 t 值减少的一方,从而 $\dfrac{\Delta \boldsymbol{A}}{\Delta t}$ 仍指向对应 t 值增大的一方.

当 $\Delta t \to 0$ 时,由于割线 MN 绕点 M 转动,且以点 M 处的切线为其极限位置,此时,在割线上的向量 $\dfrac{\Delta \boldsymbol{A}}{\Delta t}$ 其极限位置,自然也就在此切线上.这就是说,导数 $\boldsymbol{A}'(t) = \lim\limits_{\Delta t \to 0} \dfrac{\Delta \boldsymbol{A}}{\Delta t}$ 不为零时,是在点 M 处的切线上,且其方向恒指向对应 t 值增大的一方.故导数在几何上为矢端曲线的切向向量,指向对应 t 值增大的一方.

【例 6-1】 设一曲线的向量方程为
$$\boldsymbol{r} = \mathrm{e}^t \cos t\,\boldsymbol{i} + \mathrm{e}^t \sin t\,\boldsymbol{j},$$
求该曲线上对应于 $t = \dfrac{\pi}{4}$ 处的切线方程.

解 曲线的导数为
$$\boldsymbol{r}' = \mathrm{e}^t(\cos t - \sin t)\boldsymbol{i} + \mathrm{e}^t(\sin t + \cos t)\boldsymbol{j},$$
于是,在 $t = \dfrac{\pi}{4}$ 处的切向向量为
$$\boldsymbol{r}' = \sqrt{2}\,\mathrm{e}^{\frac{\pi}{4}}\boldsymbol{j},$$
所以,对应于 $t = \dfrac{\pi}{4}$ 处的切线方程为
$$\boldsymbol{r} = \boldsymbol{r}_0 + t\sqrt{2}\,\mathrm{e}^{\frac{\pi}{4}}\boldsymbol{j},$$
这里 $\boldsymbol{r}_0 = \boldsymbol{r}\left(\dfrac{\pi}{4}\right) = \dfrac{\sqrt{2}}{2}\mathrm{e}^{\frac{\pi}{4}}(\boldsymbol{i} + \boldsymbol{j})$.

(3) 导数的运算法则

设向量值函数 $\boldsymbol{A} = \boldsymbol{A}(t), \boldsymbol{B} = \boldsymbol{B}(t)$ 及数性函数 $u = u(t)$ 都可导,则下列公式成立:

① $\boldsymbol{C}' = 0$ ($\boldsymbol{C}$ 为常向量);

② $(\boldsymbol{A} \pm \boldsymbol{B})' = \boldsymbol{A}' \pm \boldsymbol{B}'$;

③ $(k\boldsymbol{A})' = k\boldsymbol{A}'$ (k 为常数);

④ $(u\boldsymbol{A})' = u'\boldsymbol{A} + u\boldsymbol{A}'$;

⑤ $(\boldsymbol{A} \cdot \boldsymbol{B})' = \boldsymbol{A}\boldsymbol{B}' + \boldsymbol{A}'\boldsymbol{B}$;

⑥ $(\boldsymbol{A} \times \boldsymbol{B})' = \boldsymbol{A} \times \boldsymbol{B}' + \boldsymbol{A}' \times \boldsymbol{B}$;

⑦ $\dfrac{\mathrm{d}\boldsymbol{A}(u)}{\mathrm{d}t} = \dfrac{\mathrm{d}\boldsymbol{A}(u)}{\mathrm{d}u} \cdot \dfrac{\mathrm{d}u}{\mathrm{d}t}$.

4. 向量值函数的积分

向量值函数不仅可以求导,也可以求积,下面介绍其不定积分与定积分的概念.

(1) 向量值函数的不定积分定义

定义 6.3　若在 t 的某个区间 I 上,有 $B'(t) = A(t)$,则称 $B(t)$ 为 $A(t)$ 在此区间上的一个原函数. 在区间 I 上,$A(t)$ 的原函数的全体,叫作 $A(t)$ 在 I 上的不定积分,记作 $\int A(t)\mathrm{d}t$. 若已知 $B(t)$ 是 $A(t)$ 一个原函数,则有

$$\int A(t)\mathrm{d}t = B(t) + C. \tag{6-7}$$

不定积分的分量形式为

$$\int A(t)\mathrm{d}t = i\int A_x(t)\mathrm{d}t + j\int A_y(t)\mathrm{d}t + k\int A_z(t)\mathrm{d}t. \tag{6-8}$$

向量值函数的不定积分有如下性质:

① $\int kA(t)\mathrm{d}t = k\int A(t)\mathrm{d}t$;

② $\int [A(t) \pm B(t)]\mathrm{d}t = \int A(t)\mathrm{d}t \pm \int B(t)\mathrm{d}t$;

③ $\int u(t)C\mathrm{d}t = C\int u(t)\mathrm{d}t$;

④ $\int C \cdot A(t)\mathrm{d}t = C \cdot \int A(t)\mathrm{d}t$;

⑤ $\int C \times A(t)\mathrm{d}t = C \times \int A(t)\mathrm{d}t$.

其中,k 为常数,C 为常向量. 此外,从向量值的分量形式不难看出,换元积分法及分部积分法依然是适用的.

(2) 向量值函数的定积分定义

定义 6.4　设向量值函数 $A(t)$ 在区间 $[T_1, T_2]$ 上连续,则 $A(t)$ 在 $[T_1, T_2]$ 上的定积分是指下面的极限:

$$\int_{T_1}^{T_2} A(t)\mathrm{d}t = \lim_{\substack{n \to \infty \\ \lambda \to 0}} \sum_{i=1}^{n} A(\xi_i)\Delta t_i, \tag{6-9}$$

其中,$T_1 = t_0 < t_1 < \cdots < t_n = T_2$;$\xi_i$ 为区间 $[t_{i-1}, t_i]$ 上的一点;$\Delta t_i = t_i - t_{i-1}$,$\lambda = \max\Delta t_i, (i=1,2,\cdots,n)$.

若 $B(t)$ 是 $A(t)$ 一个原函数,则有

$$\int_{T_1}^{T_2} A(t)\mathrm{d}t = B(T_2) - B(T_1). \tag{6-10}$$

定积分的分量形式为：

$$\int_{T_1}^{T_2}\boldsymbol{A}(t)\mathrm{d}t=\boldsymbol{i}\int_{T_1}^{T_2}\boldsymbol{A}_x(t)\mathrm{d}t+\boldsymbol{j}\int_{T_1}^{T_2}\boldsymbol{A}_y(t)\mathrm{d}t+\boldsymbol{k}\int_{T_1}^{T_2}\boldsymbol{A}_z(t)\mathrm{d}t. \quad (6\text{-}11)$$

【例 6-2】 计算积分 $\boldsymbol{A}(t)=\int t\,\boldsymbol{e}(t)\mathrm{d}t$，这里 $\boldsymbol{e}(t)=\boldsymbol{i}\cos t+\boldsymbol{j}\sin t$，一般称为圆函数，其导数记作 $\boldsymbol{e}_1(t)=\boldsymbol{e}'(t)=-\boldsymbol{i}\sin t+\boldsymbol{j}\cos t$.

解 利用分部积分法：

$$\boldsymbol{A}(t)=t[-\boldsymbol{e}_1(t)]+\int\boldsymbol{e}_1(t)\mathrm{d}t$$
$$=-t\boldsymbol{e}_1(t)+\boldsymbol{e}(t)+C.$$

§6.2 数量场的方向导数与梯度

从本节开始研究场的性质，首先介绍数量场.

1. 数量场的等值面

为了直观地表示一个数量场的场量分布情况，引入数量场的等值面概念.

定义 6.5 设 $u=u(x,y,z)$，$(x,y,z)\in D$ 确定了 D 上的一个数量场，C 是一常数，使场函数 $u(x,y,z)$ 取值 C 的各点在空间形成的曲面叫作 u 的一个等值面. 等值面充满了场所在的空间，且彼此互不相交(图 6-5). 例如温度场的等值面，就是由温度相同的点所组成的等温面；电位场的等值面，就是由电位相同的点所组成的等位面.

$$u(x,y,z)=C \quad (6\text{-}12)$$

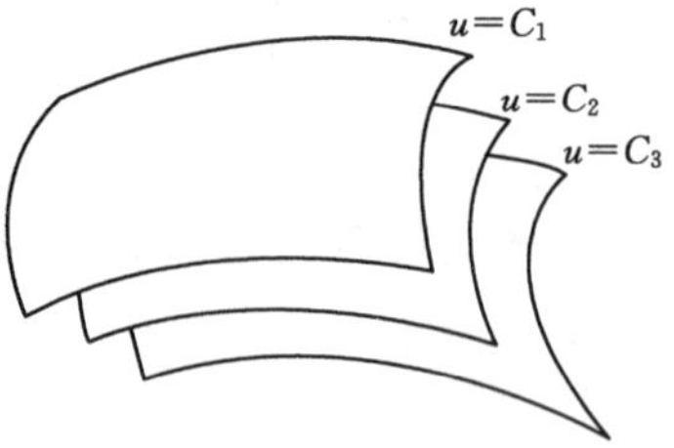

图 6-5

【例 6-3】 设放在坐标原点的点电荷 q，在空间形成一个电位场，求电位场的等值面.

解 由物理知识，电场中任一点的电位值为 $u=\dfrac{q}{4\pi\varepsilon}\cdot\dfrac{1}{r}$，其中 $r=$

$|\boldsymbol{r}|=\sqrt{x^2+y^2+z^2}$，$\varepsilon$ 为介电常数. 于是电位场的等值面

$$u=\frac{q}{4\pi\varepsilon}\cdot\frac{1}{r}=C,$$

即为

$$x^2+y^2+z^2=R^2,R=\frac{q}{4\pi\varepsilon C}.$$

这是一族以原点为中心的同心球面. 每一球面上各点的电位值相同，且半径越大，电位越低.

二元函数 $u(x,y)$ 确定的场叫平面数量场. 在平面数量场中，曲线族 $u(x,y)=C$ 叫作等值线. 例如，地形图上常用的等高线，就是平面数量场的等值线. 坡度变化较陡的地方，等高线的分布较密；而在坡度变化较平的地方，等高线的分布较疏. 等值线从几何直观上描述了平面向量场的场量在场中的分布情况.

2. 方向导数

定义 设函数 f 在点 $p_0(x_0,y_0,z_0)$ 的某个邻域 $U(p_0)$ 内有定义，l 为从点 p_0 出发的一条射线，点 $p(x,y,z)$ 为在射线 l 上并且在 $U(p_0)$ 内的任意一点，ρ 是 p 与 p_0 两点之间的距离. 若极限

$$\lim_{\rho\to0^+}\frac{f(p)-f(p_0)}{\rho}=\lim_{\rho\to0^+}\frac{\Delta f}{\rho},$$

存在(有限值)，则称此极限为函数 f 在点 p_0 处沿方向 l 的方向导数，记为 $\frac{\partial f}{\partial l}\big|_{p_0}$.

定理 6.1(方向导数的计算公式) 若函数 f 在点 $p_0(x_0,y_0,z_0)$ 可微，则 f 在点 p_0 沿任意射线方向 $\boldsymbol{l}$ 的方向导数都存在，而且

$$\frac{\partial f}{\partial l}(p_0)=f_x(p_0)\cos\alpha+f_y(p_0)\cos\beta+f_z(p_0)\cos\gamma.$$

其中，$\cos\alpha,\cos\beta,\cos\gamma$ 为方向 $\boldsymbol{l}$ 的三个方向余弦.

隐函数存在定理，若函数 $F(x,y)$ 满足下面 4 个条件：

(1) F 在以 $p_0(x_0,y_0)$ 为内点的某一区域 $D\subset R^2$ 上连续；

(2) $F(x_0,y_0)=0$(称为初始条件)；

(3) F 在 D 上存在连续的偏导数 $F_y(x,y)$；

(4) $F_y(x_0,y_0)\neq0$.

则存在 p_0 的某邻域 $U(p_0)\subset D$，在 $U(p_0)$ 内方程 $F(x,y)=0$ 唯一的决定了一个定义在某区间 $(x_0-\alpha,x_0+\alpha)$ 上的隐函数 $y=f(x)$，使得当 $x\in(x_0-\alpha,$

$x_0+\alpha)$时,$(x,f(x))\in U(p_0)$且 $F(x,f(x))\equiv 0,f(x_0)=y_0$.

（1）切平面.二次曲面 S 上一点处的所有切线构成的平面称为 S 的切平面,该点则称为切平面在曲面 S 上的切点.

（2）等值线.空间曲面 $z=f(x,y)$ 与平面 $z=c$ 的交线在 xOy 面的投影,所形成的平面曲线 $c=f(x,y)$ 称为函数 $z=f(x,y)$ 的一条等值线.

（3）梯度.若 $f(x,y,z)$ 在点 $p_0(x_0,y_0,z_0)$ 对所有自变量的一阶偏导数存在,则称向量$(f_x(p_0),f_y(p_0),f_z(p_0))$为函数 f 在点 p_0 的梯度,记为 grad f 或∇f.

定理 6.2(梯度与等值线关系)　函数 $f(x,y)$ 在某点处的梯度方向就是在该点函数值变大方向的等值线的法线方向.

下面我们考虑条件极值问题(从几何意义考虑 Lagrange 乘数法).

$$\begin{cases}\min f(x,y)\\ \text{s. t. } g(x,y)=0\end{cases}(P)$$

令 $c=f(x,y)$,$c\in R$,把 $g(x,y)=0$ 描绘成 xOy 面上的一条曲线(图 6-6).设点 $p(x_0,y_0)$ 是极值问题(P)的极值点,假设等值线从内向外函数值 c 值逐渐增加,则原问题转化为当 p 点在曲线 $g(x,y)=0$ 上移动时,何时 $c=f(x,y)$ 取到最小的问题,如图 6-6 至图 6-8 所示.

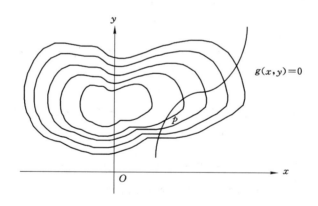

图 6-6　等值线与约束曲线关系图

定理 6.3　设 $p_0(x_0,y_0)$ 是条件极值问题(P)的极值点,则等值线 $c=f(x,y)$ 与曲线 $g(x,y)=0$ 在 p_0 点有公切线.

在绝大多数教材包括教学中对拉格朗日乘数法的几何意义的解释均采用上述的方式.其实,这种解释实际上是不贴切的,因为这种几何解释只是一维的

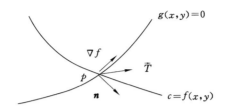

图 6-7 局部等值线图

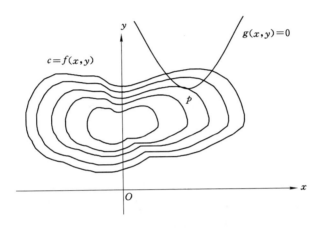

图 6-8 等值线与约束曲线关系

情形,没有办法推广到三维及以上的情况。所以本书利用方向导数的角度来给出更好的思路,从而更加深刻地理解拉格朗日函数.

定理 6.4 设 $p_0(x_0,y_0)$ 是条件极值问题(P)的极值点,则 $\partial f/\partial l=\nabla f\cdot l$ $=0$,其中 l 为曲线 $g(x,y)=0$ 的切向量.

证 如图 6-9 所示,把问题转化成上述问题后,讨论起来就方便了许多. 设 $p(x_0,y_0)$ 为曲线 $g(x,y)=0$ 上的一点,l 为 p 处的正切线方向向量,e_l 为 p 处正法线向量.首先证明当 p 点在曲线上移动时,切线 l 为 p 点的运动方向. 事实上,和上节类似,设 p 点的运动方向为 v,运动时间是 t,则根据泰勒公式展开

$$\begin{aligned} g(x,y) &= g(x_0,y_0)+\nabla g\cdot(\Delta x,\Delta y)+o(t)\\ &= g(x_0,y_0)+\nabla g\cdot(tv_x,tv_y)+o(t)\\ &= g(x_0,y_0)+t\,\nabla g\cdot(v_x,v_y)+o(t)\\ &= g(x_0,y_0)+t\,\nabla g\cdot v+o(t) \end{aligned}$$

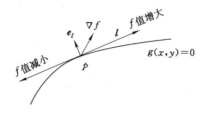

图 6-9 约束曲线方向导数图

$$= g(x_0, y_0) + t \nabla g(\alpha e + \beta \nabla g) + o(t)$$
$$= g(x_0, y_0) + t\beta |\nabla g|^2 + o(t)$$
$$= 0.$$

因为 $g(x_0, y_0) = 0$，所以 $\beta = 0$，即 v 沿法向方向分量为零. 因此 p 点在邻域内沿切线方向运动. 设函数 $f(x, y)$ 沿切线正方向的变化率为 $\partial f / \partial l$，则由定理 6.1 可知，

$$\frac{\partial f}{\partial l} = \nabla f \cdot l.$$

假设函数 f 在 p 点附近沿曲线正切向的变化率不为零，且不妨设为大于零. 于是函数 f 从 p 点出发沿曲线正切向移动时，$z = f(x, y)$ 的值一直增大，而沿负切向则减小. 因此此时的 p 点必然不是极小值点。这也就意味着 p 点想要成为极值点，必然满足函数 $f(x, y)$ 在 p 点处沿曲线正切向的变化率为零，即

$$\frac{\partial f}{\partial l} = \nabla f \cdot l = 0.$$

即结论成立.

由定理 6.4 可知，在极值点 p 点处，$\nabla f \perp l$，或者说 $\nabla f // e_t$. 故存在 λ，使 $\nabla f = -\lambda \nabla g$，将此式写作分量形式

$$\begin{cases} f_x(x, y) + \lambda g_x(x, y) = 0, \\ f_y(x, y) + \lambda g_y(x, y) = 0, \end{cases} \qquad (6\text{-}13)$$

从而，我们给出了从二维平面方向导数的几何意义给出拉格朗日乘数法的几何意义. 类似的讨论，可以很直观地推广到更高位的空间上去（需要线性代数的有关知识）.

§6.3　向量场的通量及散度

1. 向量场的向量线

和数量场一样,向量场中分布在各点处的向量 A,是场中点 M 的函数 $A=A(M)$,当取定了 $Oxyz$ 直角坐标系后,它就成为点 $M(x,y,z)$ 的坐标函数,即

$$A=A(x,y,z).\tag{6-14}$$

它的坐标表示式为

$$A=A_x(x,y,z)i+A_y(x,y,z)j+A_z(x,y,z)k,\tag{6-15}$$

其中,函数 A_x,A_y,A_z 为向量 A 的三个坐标,若无特别声明,都假定它们为单值、连续且有一阶连续偏导数.

在向量场中为了直观地表示向量的分布情况,引入向量线(矢量线)的概念.

设 $A(M)$,$M\in D$ 是一向量场,称 D 中的一族曲线为 $A(M)$ 的向量线,如果这族曲线上每一点处的切向量与该点处场量 $A(M)$ 的方向相同(图 6-10).

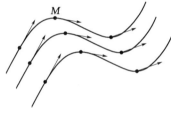

图 6-10

设向量场为

$$A(x,y,z)=P(x,y,z)i+Q(x,y,z)j+R(x,y,z)k,$$

曲线

$$l:x=x(t),y=y(t),z=z(t),$$

是 A 的向量线,那么 $l'=[x'(t),y'(t),z'(t)]$ 表示曲线 l 的切向量,因此有

$$\frac{x'(t)}{P(x,y,z)}=\frac{y'(t)}{Q(x,y,z)}=\frac{z'(t)}{R(x,y,z)},$$

即

$$\frac{\mathrm{d}x}{P(x,y,z)}=\frac{\mathrm{d}y}{Q(x,y,z)}=\frac{\mathrm{d}z}{R(x,y,z)}.\tag{6-16}$$

式(6-16)是向量线满足的微分方程,解这个方程可得向量线族.在 A 不为

零的假设下,由微分方程解的存在定理可知,当 P、Q、R 为单值,连续且有一阶连续偏导数时,过场中每一点有且仅有一条向量线存在,因此向量线充满了场所在的空间,且互不相交.

对于向量场中的任意一条曲线 C(非向量线),在它上面每个点处,有且仅有一条向量线通过,这些向量线的全体就构成了一张通过曲线 C 的曲面,称为向量面(图 6-11).特别是曲线 C 封闭时,通过 C 的向量面又称为向量管(图 6-12).

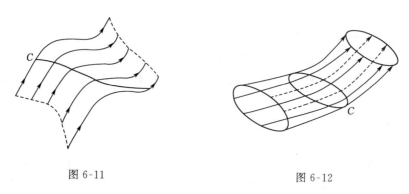

图 6-11   图 6-12

【例 6-7】 设点电荷 q 位于坐标原点,则在其周围空间形成一个电场,电场强度为

$$E = \frac{q}{4\pi\varepsilon}\frac{1}{r^3}(x\boldsymbol{i} + y\boldsymbol{j} + z\boldsymbol{k}),$$

其中,ε 为介电常数,$\boldsymbol{r} = (x,y,z)$,$r = |\boldsymbol{r}| = \sqrt{x^2 + y^2 + z^2}$. 求电场强度 E 的向量线.

解 因为 $E = \frac{q}{4\pi\varepsilon}\frac{1}{r^3}(x\boldsymbol{i} + y\boldsymbol{j} + z\boldsymbol{k})$,所以其向量线满足的微分方程为

$$\frac{\mathrm{d}x}{x} = \frac{\mathrm{d}y}{y} = \frac{\mathrm{d}z}{z},$$

从而有

$$\begin{cases} \dfrac{\mathrm{d}x}{x} = \dfrac{\mathrm{d}y}{y}, \\[2mm] \dfrac{\mathrm{d}y}{y} = \dfrac{\mathrm{d}z}{z}, \end{cases}$$

解之得

$$\begin{cases} y = C_1 x, \\ z = C_2 y, \end{cases} \quad (C_1, C_2 \text{ 为任意常数}).$$

这是一族从原点出发的射线.电场强度 E 的向量线又称为电力线.

【例 6-8】　设有一平面力场 $F=-yi+xj$，求该力场过点 $(1,2)$ 的向量线.

解　向量线满足的微分方程为

$$\frac{\mathrm{d}x}{-y}=\frac{\mathrm{d}y}{x},$$

解之得

$$x^2+y^2=C.$$

将点 $(1,2)$ 代入可得 $C=5$. 即过点 $(1,2)$ 的向量线方程为

$$x^2+y^2=5.$$

2. 通量

分析向量场的扩散性质（如热量的散逸、流体的流动与溢渗等），向量场的通量和散度是两个重要的概念，二者分别从整体和局部描述了向量场的扩散特性.

设稳定流动的不可压缩流体（假设密度为 1）的速度场由

$$v(x,y,z)=P(x,y,z)i+Q(x,y,z)j+R(x,y,z)k$$

给出，S 为场中一有向曲面（图 6-13），求单位时间内流过 S 正侧的流量. 在 S 上任取一点 M，设过 M 点的流速为 v，法向量为 n，并取一个把点 M 包围在内的曲面微元 $\mathrm{d}S$. 如果 $\mathrm{d}S$ 充分小，则单位时间内流过 $\mathrm{d}S$ 的流量为

$$\mathrm{d}Q=v_n\mathrm{d}S,$$

其中 v_n 为 v 在 n 上的投影. 若以 n^o 表示点 M 处的单位法向量，而 $\mathrm{d}S=n^o\mathrm{d}S$，则有

$$\mathrm{d}Q=v\cdot\mathrm{d}S.$$

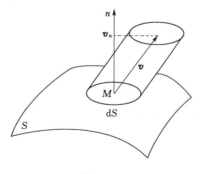

图 6-13

据此，在单位时间内流过 S 正侧的流量就可用曲面积分表示为

$$Q = \iint_S v_n \mathrm{d}S = \iint_S v \cdot \mathrm{d}S.$$

事实上,这种形式的曲面积分不仅可用于流速场,而且可以推广到一般的向量场.如电场中的电通量

$$\Phi_E = \iint_S E \cdot \mathrm{d}S;$$

磁场中的磁通量

$$\Phi_H = \iint_S H \cdot \mathrm{d}S.$$

为了方便研究,数学上就把形如上述的一类曲面积分,概括成为通量,其定义如下.

定义 6.8　设有向量场 $A(M)$,沿其中有向曲面 S 某一侧的曲面积分

$$\Phi = \iint_S A_n \mathrm{d}S = \iint_S A \cdot \mathrm{d}S, \tag{6-17}$$

叫作向量场 $A(M)$ 向积分所沿一侧穿过曲面 S 的通量.

在直角坐标系中,设

$$A = P(x,y,z)i + Q(x,y,z)j + R(x,y,z)k,$$

又有

$$\begin{aligned} \mathrm{d}S &= n^o \mathrm{d}S \\ &= \mathrm{d}S\cos \alpha i + \mathrm{d}S\cos \beta j + \mathrm{d}S\cos \gamma k \\ &= \mathrm{d}y\mathrm{d}z i + \mathrm{d}z\mathrm{d}x j + \mathrm{d}x\mathrm{d}y k, \end{aligned}$$

其中 $\cos \alpha, \cos \beta, \cos \gamma$ 是 n^o 的三个方向余弦,则通量可以写成

$$\Phi = \iint_S A \cdot \mathrm{d}S = \iint_S P\mathrm{d}y\mathrm{d}z + Q\mathrm{d}z\mathrm{d}x + R\mathrm{d}x\mathrm{d}y. \tag{6-18}$$

如果 S 为一封闭曲面,习惯上规定外侧是其正向,这时穿过 S 正向的通量为

$$\Phi = \oiint_S A \cdot \mathrm{d}S.$$

若 $\Phi > 0$,则称 S 内有正源;若 $\Phi < 0$,则称 S 内有负源.但当 $\Phi = 0$ 时,则不能说 S 内无源,因为此时,在 S 内可能既有正源又有负源,二者恰好抵消使得 $\Phi = 0$.

【例 6-9】　设由向径 $r = xi + yj + zk$ 构成的向量场中,有一由圆锥面 $x^2 + y^2 = z^2$ 及平面 $z = H(H > 0)$ 所围成的封闭曲面 S(图 6-14).试求向量场 r 从 S 内穿出 S 的通量.

解　假设 S_1, S_2 分别表示曲面的平面及锥面部分,则

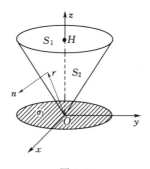

图 6-14

$$\Phi = \oiint\limits_{S} \boldsymbol{r} \cdot \mathrm{d}\boldsymbol{S} = \iint\limits_{S_1} \boldsymbol{r} \cdot \mathrm{d}\boldsymbol{S} + \iint\limits_{S_2} \boldsymbol{r} \cdot \mathrm{d}\boldsymbol{S},$$

其中

$$\iint\limits_{S_1} \boldsymbol{r} \cdot \mathrm{d}\boldsymbol{S} = \iint\limits_{S_1} x\mathrm{d}y\mathrm{d}z + y\mathrm{d}z\mathrm{d}x + z\mathrm{d}x\mathrm{d}y$$

$$= \iint\limits_{\sigma_1} H\mathrm{d}x\mathrm{d}y = \pi H^3,$$

而

$$\iint\limits_{S_2} \boldsymbol{r} \cdot \mathrm{d}\boldsymbol{S} = \iint\limits_{S_2} r_n\mathrm{d}S = 0,$$

所以

$$\Phi = \oiint\limits_{S} \boldsymbol{r} \cdot \mathrm{d}\boldsymbol{S} = \pi H^3.$$

3. 散度

为精确地描述空间任一点源的分布情况,这里引入散度的概念.

定义 6.9 设有向量场 $\boldsymbol{A}(M)$,在场中作一包含点 M 的封闭曲面 $\triangle S$,以 $\triangle S$ 为边界的空间区域 $\triangle\Omega$,体积为 $\triangle V$,若极限

$$\lim_{\triangle\Omega\to M}\frac{\triangle\Phi}{\triangle V} = \lim_{\triangle\Omega\to M}\frac{\oiint\limits_{S}\boldsymbol{A}\cdot\mathrm{d}\boldsymbol{S}}{\triangle V}$$

存在,则称此极限为向量场 $\boldsymbol{A}(M)$ 在点 M 处的散度,记作 div $\boldsymbol{A}$,即

$$\operatorname{div}\boldsymbol{A} = \lim_{\triangle V\to 0}\frac{\triangle\Phi}{\triangle V} = \lim_{\triangle V\to 0}\frac{\oiint\limits_{S}\boldsymbol{A}\cdot\mathrm{d}\boldsymbol{S}}{\triangle V}. \tag{6-19}$$

由上述定义可见,散度描述了向量场中源的分布和强度,如果在场中散度处处为零,则称这样的向量场为无源场.

在直角坐标系下散度的计算公式可以由下面的定理给出.

定理 6.2 设在直角坐标系中向量场

$$\boldsymbol{A}=P(x,y,z)\boldsymbol{i}+Q(x,y,z)\boldsymbol{j}+R(x,y,z)\boldsymbol{k},$$

其中 P、Q、R 具有一阶连续偏导数,则在点 $M(x,y,z)$ 处的散度为

$$\operatorname{div}\boldsymbol{A}=\frac{\partial P}{\partial x}+\frac{\partial Q}{\partial y}+\frac{\partial R}{\partial z}. \tag{6-20}$$

证 由高斯公式

$$\Delta\varPhi=\oiint\limits_{\Delta S}\boldsymbol{A}\cdot\mathrm{d}\boldsymbol{S}=\oiint\limits_{\Delta S}P\,\mathrm{d}y\mathrm{d}z+Q\mathrm{d}z\mathrm{d}x+R\mathrm{d}x\mathrm{d}y$$

$$=\iiint\limits_{\Delta\varOmega}\left(\frac{\partial P}{\partial x}+\frac{\partial Q}{\partial y}+\frac{\partial R}{\partial z}\right)\mathrm{d}V,$$

再按中值定理有

$$\Delta\varPhi=\left(\frac{\partial P}{\partial x}+\frac{\partial Q}{\partial y}+\frac{\partial R}{\partial z}\right)_{M^*}\Delta V,$$

其中 M^* 为 $\Delta\varOmega$ 上的某一点,因此

$$\operatorname{div}\boldsymbol{A}=\lim_{\Delta\varOmega\to M}\frac{\Delta\varPhi}{\Delta V}=\frac{\partial P}{\partial x}+\frac{\partial Q}{\partial y}+\frac{\partial R}{\partial z}.$$

利用哈密顿算子,散度可记为 $\nabla\cdot\boldsymbol{A}$.

高斯公式可以写成如下向量形式:

$$\oiint\limits_{S}\boldsymbol{A}\cdot\mathrm{d}\boldsymbol{S}=\iiint\limits_{\varOmega}\operatorname{div}\boldsymbol{A}\mathrm{d}V.$$

【例 6-10】 设向量场 $\boldsymbol{A}=(x^2+yz)\boldsymbol{i}+(y^2+xz)\boldsymbol{j}+(z^2+xy)\boldsymbol{k}$,求 $\operatorname{div}\boldsymbol{A}$.

解
$$\operatorname{div}\boldsymbol{A}=\frac{\partial P}{\partial x}+\frac{\partial Q}{\partial y}+\frac{\partial R}{\partial z}$$
$$=2x+2y+2z.$$

【例 6-11】 设向量场 $\boldsymbol{A}=(2x+3z)\boldsymbol{i}-(y+xz)\boldsymbol{j}+(y^2+2z)\boldsymbol{k}$,$S$ 是以点 $(3,-1,2)$ 为球心,半径 $R=3$ 的球面,求向量 $\boldsymbol{A}$ 从 S 内穿出 S 的通量.

解 利用高斯公式

$$\varPhi=\oiint\limits_{S}\boldsymbol{A}\cdot\mathrm{d}\boldsymbol{S}=\iiint\limits_{\varOmega}\operatorname{div}\boldsymbol{A}\mathrm{d}V$$

$$=\iiint\limits_{\varOmega}(2-1+2)\mathrm{d}V=3\cdot\frac{4}{3}\pi\cdot3^3$$

$$=108\pi.$$

散度运算的基本法则如下：

(1) div(cA)＝$c$div A（c 是常数）；

(2) div($A\pm B$)＝div $A\pm$div B；

(3) div(uA)＝$u$div $A+$grad $u\cdot A$（u 是整数函数）.

§6.4　向量场的环量及旋度

上节用通量和散度讨论了向量场与场的扩散源之间的关系，与此类似，这节引入向量场的环量与旋度等概念，讨论向量场和场的另外一种源——漩涡源的关系，研究向量场的旋转特性.

1. 环量

先看一个例子，设有力场 $F(M)$，l 是场中一条封闭的有向曲线（图 6-15），一个质点在力 F 的作用下，沿 l 的正向运转一周，求力 F 对质点所做的功.

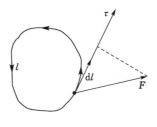

图 6-15

在曲线 l 上任取一小段有向曲线 dl，其长度记作 dl，则当质点经过 dl 时，力 F 所做的功近似为

$$dW=F\cdot dl=F\cdot \tau dl,$$

这里 τ 是 dl 的单位切向量，那么当质点沿 l 转动一周时，力 F 所做的功为

$$W=\oint_{l} F\cdot dl.$$

对于一般的向量场 $A(M)$，我们可以给出如下定义.

定义 6.10　设有向量场 $A(M)$，沿其中某一封闭有向曲线 l 的曲线积分

$$\Gamma=\oint_{l} A\cdot dl \tag{6-21}$$

叫作向量场 $A(M)$ 按积分所取方向沿曲线 l 的环量.

在直角坐标系中，设

$$A = P(x,y,z)\bm{i} + Q(x,y,z)\bm{j} + R(x,y,z)\bm{k},$$

又

$$\begin{aligned}
\mathrm{d}\bm{l} &= \mathrm{d}l\cos\alpha\bm{i} + \mathrm{d}l\cos\beta\bm{j} + \mathrm{d}l\cos\gamma\bm{k} \\
&= \mathrm{d}x\bm{i} + \mathrm{d}y\bm{j} + \mathrm{d}z\bm{k},
\end{aligned}$$

其中 $\cos\alpha, \cos\beta, \cos\gamma$ 是 $\bm{l}$ 的三个方向余弦,则环量可以写成

$$\Gamma = \oint_l \bm{A} \cdot \mathrm{d}\bm{l} = \oint_l P\mathrm{d}x + Q\mathrm{d}y + R\mathrm{d}z. \tag{6-22}$$

【例 6-12】 设有平面向量场 $\bm{A} = -y\bm{i} + x\bm{j}$,$l$ 为场中的星形线 $x = R\cos^3\theta$, $y = R\sin^3\theta$(图 6-16),求此向量场沿 l 正向的环量 Γ.

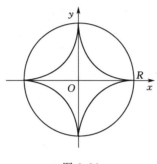

图 6-16

解 $\quad \Gamma = \oint_l \bm{A} \cdot \mathrm{d}\bm{l} = \oint_l -y\mathrm{d}x + x\mathrm{d}y$

$$= \int_0^{2\pi} -R\sin^3\theta\,\mathrm{d}(R\cos^3\theta) + R\cos^3\theta\,\mathrm{d}(R\sin^3\theta)$$

$$= 3R^2 \int_0^{2\pi} \sin^2\theta\cos^2\theta\,\mathrm{d}\theta$$

$$= \frac{3}{4}\pi R^2.$$

2. 环量面密度

环量是对向量场旋转特性的整体描述. 一般来说,向量场中不同点处场的旋转趋势也是不同的. 为了描述向量场在局部的旋转特性,这里介绍环量面密度和旋度的概念.

定义 6.11 设 M 为向量场 $\bm{A}(M)$ 中一点(图 6-17),在 M 点处取定方向 $\bm{n}$,再过 M 点作一微小曲面 ΔS(也用 ΔS 表示其面积),ΔS 在 M 点处以 $\bm{n}$ 为法向量,其边界为 Δl,且 Δl 的正向与 $\bm{n}$ 构成右手螺旋关系. 若极限

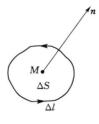

图 6-17

$$\lim_{\Delta S \to M} \frac{\Delta \Gamma}{\Delta S} = \lim_{\Delta S \to M} \frac{\oint_{\Delta l} \boldsymbol{A} \cdot \mathrm{d}\boldsymbol{l}}{\Delta S}$$

存在，则称此极限为向量场 $\boldsymbol{A}(M)$ 在点 M 处沿方向 $\boldsymbol{n}$ 的环量面密度，记作 μ_n，即

$$\mu_n = \lim_{\Delta S \to M} \frac{\Delta \Gamma}{\Delta S} = \lim_{\Delta S \to M} \frac{\oint_{\Delta l} \boldsymbol{A} \cdot \mathrm{d}\boldsymbol{l}}{\Delta S}. \tag{6-23}$$

在直角坐标系中，环量面密度的计算公式由下面的定理给出.

定理 6.3　设向量场

$$\boldsymbol{A} = P(x,y,z)\boldsymbol{i} + Q(x,y,z)\boldsymbol{j} + R(x,y,z)\boldsymbol{k},$$

则在点 M 处沿方向 $\boldsymbol{n}$ 的环量面密度为

$$\mu_n = (R_y - Q_z)\cos\alpha + (P_z - R_x)\cos\beta + (Q_x - P_y)\cos\gamma, \tag{6-24}$$

其中 $\cos\alpha, \cos\beta, \cos\gamma$ 为向量 $\boldsymbol{n}$ 的方向余弦.

证　由斯托克斯公式

$$\Delta \Gamma = \oint_{\Delta l} \boldsymbol{A} \cdot \mathrm{d}\boldsymbol{l} = \oint_{\Delta l} P\mathrm{d}x + Q\mathrm{d}y + R\mathrm{d}z$$

$$= \iint_{\Delta S} (R_y - Q_z)\mathrm{d}y\mathrm{d}z + (P_z - R_x)\mathrm{d}x\mathrm{d}z + (Q_x - P_y)\mathrm{d}x\mathrm{d}y$$

$$= \iint_{\Delta S} (R_y - Q_z)\cos\alpha\,\mathrm{d}S + (P_z - R_x)\cos\beta\,\mathrm{d}S$$

$$+ (Q_x - P_y)\cos\gamma\,\mathrm{d}S,$$

再按中值定理有

$$\Delta \Gamma = [(R_y - Q_z)\cos\alpha + (P_z - R_x)\cos\beta$$

$$+ (Q_x - P_y)\cos\gamma]_{M^*} \Delta S,$$

其中 M^* 为 ΔS 上的某一点，当 $\Delta S \to M$ 时，有 $M^* \to M$. 于是

$$\mu_n = \lim_{\Delta S \to M} \frac{\Delta \Gamma}{\Delta S}$$

$$= (R_y - Q_z)\cos \alpha + (P_z - R_x)\cos \beta + (Q_x - P_y)\cos \gamma.$$

【例 6-13】 设有向量场 $A = xz^3 i - 2x^2 yz j + 2yz^4 k$，求 A 在点 $M(1, -2, 1)$ 处沿向量 $n = 6i + 2j + 3k$ 的环量面密度.

解 向量 n 的方向余弦为

$$\cos \alpha = \frac{6}{7}, \cos \beta = \frac{2}{7}, \cos \gamma = \frac{3}{7},$$

则在点 M 处沿向量 n 的环量面密度为

$$\mu_n |_M = \left[(2z^4 + 2x^2 y)\frac{6}{7} + (3xz^2 - 0)\frac{2}{7} + (-4xyz - 0)\frac{3}{7} \right]_M$$

$$= -2 \times \frac{6}{7} + 3 \times \frac{2}{7} + 8 \times \frac{3}{7} = \frac{18}{7}.$$

3. 旋度

通过上述计算看到,环量面密度是一个与方向有关的概念,这与方向导数类似. 为此,在向量场中寻求一个向量,正如数量场中的梯度一样. 为解决这个问题,我们用公式(6-24)来分析环量面密度.

若令

$$R = (R_y - Q_z)i + (P_z - R_x)j + (Q_x - P_y)k$$

则公式(6-24)可写成两个向量的数量积形式

$$\mu_n = R \cdot n^o = |R| \cos (R, n^o).$$

显然,R 在给定点处为一固定向量. 上式表明:R 在 n 方向的投影正好等于向量场 A 在点 M 处沿方向 n 的环量面密度. 并且当方向 n 与 R 一致时,环量面密度取得最大值,其值为

$$\mu_n = |R|.$$

由此可见,向量 R 的方向就是最大环量面密度的方向,其模也就是这个最大环量面密度的值. 我们把向量 R 叫作向量场 A 在点 M 处的旋度.

定义 6.12 设有向量场 $A = P(x,y,z)i + Q(x,y,z)j + R(x,y,z)k$,在点 $M(x,y,z)$ 处称向量

$$\left(\frac{\partial R}{\partial y} - \frac{\partial Q}{\partial z} \right)i + \left(\frac{\partial P}{\partial z} - \frac{\partial R}{\partial x} \right)j + \left(\frac{\partial Q}{\partial x} - \frac{\partial P}{\partial y} \right)k$$

为向量场 $A(M)$ 在点 M 处的旋度,记作 rot A,即

$$\text{rot } \boldsymbol{A} = \left(\frac{\partial R}{\partial y} - \frac{\partial Q}{\partial z}\right)\boldsymbol{i} + \left(\frac{\partial P}{\partial z} - \frac{\partial R}{\partial x}\right)\boldsymbol{j} + \left(\frac{\partial Q}{\partial x} - \frac{\partial P}{\partial y}\right)\boldsymbol{k}, \tag{6-25}$$

或

$$\text{rot } \boldsymbol{A} = \begin{vmatrix} \boldsymbol{i} & \boldsymbol{j} & \boldsymbol{k} \\ \dfrac{\partial}{\partial x} & \dfrac{\partial}{\partial y} & \dfrac{\partial}{\partial z} \\ P & Q & R \end{vmatrix}. \tag{6-26}$$

利用哈密顿算子,旋度可记为 $\nabla \cdot \boldsymbol{A}$. 此外我们可将斯托克斯公式写成向量形式:

$$\oint_l \boldsymbol{A} \cdot \mathrm{d}\boldsymbol{l} = \iint_S \text{rot } \boldsymbol{A} \cdot \mathrm{d}\boldsymbol{S}. \tag{6-27}$$

【例 6-14】 求向量场 $\boldsymbol{A} = x^2 \sin y \boldsymbol{i} + y^2 \sin (xz) \boldsymbol{j} + xy\cos z \boldsymbol{k}$ 的旋度.

解 利用旋度公式(6-26)

$$\begin{aligned}
\text{rot } \boldsymbol{A} &= \begin{vmatrix} \boldsymbol{i} & \boldsymbol{j} & \boldsymbol{k} \\ \dfrac{\partial}{\partial x} & \dfrac{\partial}{\partial y} & \dfrac{\partial}{\partial z} \\ x^2 \sin y & y^2 \sin (xz) & xy\cos z \end{vmatrix} \\
&= \left\{\frac{\partial}{\partial y}(xy\cos z) - \frac{\partial}{\partial z}[y^2 \sin (xz)]\right\}\boldsymbol{i} \\
&\quad + \left[\frac{\partial}{\partial z}(x^2 \sin y) - \frac{\partial}{\partial x}(xy\cos z)\right]\boldsymbol{j} \\
&\quad + \left\{\frac{\partial}{\partial x}[y^2 \sin (xz)] - \frac{\partial}{\partial y}(x^2 \sin y)\right\}\boldsymbol{k} \\
&= [x\cos z - xy^2 \cos (xz)]\boldsymbol{i} - y\cos z \boldsymbol{j} \\
&\quad + [y^2 z\cos (xz) - x^2 \cos y]\boldsymbol{k}.
\end{aligned}$$

旋度运算的基本法则如下:

(1) $\text{rot}(c\boldsymbol{A}) = c\text{rot } \boldsymbol{A}$ (c 为常数);

(2) $\text{rot}(\boldsymbol{A} \pm \boldsymbol{B}) = \text{rot } \boldsymbol{A} \pm \text{rot } \boldsymbol{B}$;

(3) $\text{rot}(u\boldsymbol{A}) = u\text{rot } \boldsymbol{A} + \text{grad } u \times \boldsymbol{A}$ (u 为数性函数);

(4) $\text{div}(\boldsymbol{A} \times \boldsymbol{B}) = \boldsymbol{B} \cdot \text{rot } \boldsymbol{A} - \boldsymbol{A} \cdot \text{rot } \boldsymbol{B}$;

(5) $\text{rot}(\text{grad } u) = \boldsymbol{0}$;

(6) $\text{div}(\text{rot } \boldsymbol{A}) = 0$.

为了方便计算向量场 $\boldsymbol{A} = P\boldsymbol{i} + Q\boldsymbol{j} + R\boldsymbol{k}$ 的散度和旋度,可以用以下的方法求出 P, Q, R 对 x, y, z 的一阶偏导数,并写成矩阵形式

$$DA = \begin{pmatrix} \dfrac{\partial P}{\partial x} & \dfrac{\partial P}{\partial y} & \dfrac{\partial P}{\partial z} \\[2ex] \dfrac{\partial Q}{\partial x} & \dfrac{\partial Q}{\partial y} & \dfrac{\partial Q}{\partial z} \\[2ex] \dfrac{\partial R}{\partial x} & \dfrac{\partial R}{\partial y} & \dfrac{\partial R}{\partial z} \end{pmatrix},$$

这也称为向量场 A 的雅克比(Jacobi)矩阵,等号左端的 DA 是其记号.

注意到矩阵对角线三个导数相加就是散度,即

$$\operatorname{div} A = \frac{\partial P}{\partial x} + \frac{\partial Q}{\partial y} + \frac{\partial R}{\partial z}.$$

而剩余的 6 个导数,从矩阵的右下方开始,由下至上画 S 形(图 6-18),对应的两个导数相减就是旋度的 3 个分量,即

$$\operatorname{rot} A = \left(\frac{\partial R}{\partial y} - \frac{\partial Q}{\partial z}\right)i + \left(\frac{\partial P}{\partial z} - \frac{\partial R}{\partial x}\right)j + \left(\frac{\partial Q}{\partial x} - \frac{\partial P}{\partial y}\right)k.$$

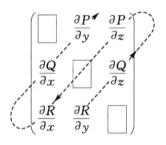

图 6-18

§6.5 几种重要的向量场

本节主要介绍 3 种重要的向量场,即有势场、管形场和调和场.为了后面的需要,先对空间区域的连通性进行介绍.

设 D 是一个空间区域,若对 D 内的任意两点,都可以用完全含于 D 的有限条线段连接起来,则称 D 为连通区域.如果 D 为连通区域,又对应 D 内的任一个闭曲面 S,S 所包围的全部点都属于 D,则称 D 为面单连域,或二维单连通域,否则称为面复连域;对 D 内的任一条简单闭曲线 l,都存在一个完全属于 D 的曲面 S,以 l 为边界,则称 D 为线单连域,或一维单连通域,否则称为线复连域.例如,环面体是面单连域,线复连域;而空心球体是线单连域,面复连域.显然,有很多空间区域既是线单连域,又是面单连域,如实心球体、圆柱体、平行

六面体等.

1. 有势场

定义 6.13　设有向量场 $A(M)$,若存在单值函数 $u(M)$ 满足
$$A = \operatorname{grad} u, \tag{6-28}$$
则称此向量场为有势场;令 $v = -u$,并称 v 为 A 的势函数,那么
$$A = -\operatorname{grad} v. \tag{6-29}$$

定理 6.4　在线单连域内向量场 A 为有势场的充要条件是其旋度在场内处处为零.

证　设 $A = P(x,y,z)i + Q(x,y,z)j + R(x,y,z)k.$

必要性:设 A 为有势场,则存在函数 $u(x,y,z)$ 满足 $A = \operatorname{grad} u$,那么
$$\operatorname{rot} A = \operatorname{rot}(\operatorname{grad} u) = \mathbf{0}.$$

充分性:设场中处处 $\operatorname{rot} A = \mathbf{0}$,则由斯托克斯公式可知,对场中的任意封闭曲线 l 都有 $\oint_l A \cdot \mathrm{d}l = 0$,也就是说曲线积分 $\int_{\widehat{M_0M}} A \cdot \mathrm{d}l$ 与路径无关,只与积分的起点 $M_0(x_0,y_0,z_0)$ 和终点 $M(x,y,z)$ 有关(图 6-19).若固定起点 $M_0(x_0,y_0,z_0)$,则积分值就是终点的函数.令
$$u(x,y,z) = \int_{(x_0,y_0,z_0)}^{(x,y,z)} P\mathrm{d}x + Q\mathrm{d}y + R\mathrm{d}z,$$
那么
$$\mathrm{d}u = P\mathrm{d}x + Q\mathrm{d}y + R\mathrm{d}z,$$
即
$$\frac{\partial u}{\partial x} = P, \frac{\partial u}{\partial y} = Q, \frac{\partial u}{\partial z} = R.$$
所以 $\operatorname{grad} u = A$,故 A 为有势场.

一般地,称旋度恒为零的场为无旋场;称具有曲线积分 $\int_{\widehat{M_0M}} A \cdot \mathrm{d}l$ 与路径无关性质的向量场为保守场.从上面的定理及其证明我们可以看出,在线单连域内:"场有势(梯度场)"、"场无旋"、"场保守"以及"$A \cdot \mathrm{d}l = P\mathrm{d}x + Q\mathrm{d}y + R\mathrm{d}z$ 是某个函数的全微分"这四者是彼此等价的.

另外,还可以给出计算向量场 A 的势函数的方法,在场中选定一点 $M_0(x_0,y_0,z_0)$,然后选取逐段平行于坐标轴的折线对积分,也就有
$$v = -\int_{x_0}^x P(x,y_0,z_0)\mathrm{d}x - \int_{y_0}^y Q(x,y,z_0)\mathrm{d}y - \int_{z_0}^z R(x,y,z)\mathrm{d}z. \tag{6-30}$$

【例 6-15】　证明向量场 $A = 2xyz^2 i + (x^2z^2 + \cos y)j + 2x^2yz k$ 为有势场,

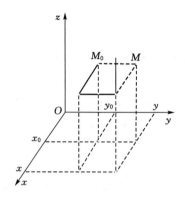

图 6-19

并求其势函数.

证 由 A 的雅克比矩阵

$$DA = \begin{pmatrix} 2yz^2 & 2xz^2 & 4xyz \\ 2xz^2 & -\sin y & 2x^2z \\ 4xyz & 2x^2z & 2x^2y \end{pmatrix},$$

得

$$\text{rot } A = (2x^2z - 2x^2z)i + (4xyz - 4xyz)j + (2xz^2 - 2xz^2)k = 0,$$

故 A 为有势场.

为方便,取 $M_0(x_0, y_0, z_0)$ 为坐标原点 $O(0,0,0)$,这样其原函数为

$$u = \int_0^x 0\,dx + \int_0^y \cos y\,dy + \int_0^z 2x^2yz\,dz$$

$$= \sin y + x^2yz^2,$$

于是得势函数 $v = -\sin y - x^2yz^2$. 而势函数的全体则为

$$v = -\sin y - x^2yz^2 + C.$$

【例 6-16】 证明向量场 $A = (6xy + z^3)i + (3x^2 - z)j + (3xz^2 - y)k$ 为保守场,并计算曲线积分 $\int_l A \cdot dl$,其中 l 起点为 $A(4,0,1)$,终点为 $B(2,1,-1)$.

证 向量场 A 的雅克比矩阵为

$$DA = \begin{pmatrix} 6y & 6x & 3z^2 \\ 6x & 0 & -1 \\ 3z^2 & -1 & 6xz \end{pmatrix},$$

$$\text{rot } \boldsymbol{A} = 0$$

即向量场 $\boldsymbol{A}$ 为保守场. 故 $\boldsymbol{A} \cdot \mathrm{d}\boldsymbol{l}$ 存在原函数:

$$u = \int_0^x 0\mathrm{d}x + \int_0^y 3x^2 \mathrm{d}y + \int_0^z (3xz^2 - y)\mathrm{d}z$$
$$= 3x^2 y + xz^3 - yz,$$

从而

$$\int_l \boldsymbol{A} \cdot \mathrm{d}\boldsymbol{l} = u \bigg|_{\boldsymbol{A}}^{\boldsymbol{B}} = 11 - 4 = 7.$$

2. 管形场

定义 6.14 设有向量场 $\boldsymbol{A}$,若其散度 div $\boldsymbol{A} \equiv 0$,则称此向量场为管形场. 也就是说,管形场就是无源的向量场.

管形场的得名可以从下面的定理看出.

定理 6.5 设管形场 $\boldsymbol{A}$ 所在的空间区域为一面单连域(图 6-18),在场中任取一个向量管,S_1, S_2 是其任意两个横断面,法向量 $\boldsymbol{n}_1, \boldsymbol{n}_2$ 都指向向量 $\boldsymbol{A}$ 所指的一侧,则有

$$\iint_{S_1} \boldsymbol{A} \cdot \mathrm{d}\boldsymbol{S} = \iint_{S_2} \boldsymbol{A} \cdot \mathrm{d}\boldsymbol{S}. \tag{6-31}$$

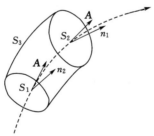

图 6-18

证 设 S 为两个断面 S_1 与 S_2 及这两个断面之间的向量管面 S_3 所组成的一个封闭曲面. 因为管形场的散度为零,且场所在的区域是面单连域,所以由高斯公式有

$$\oiint_S \boldsymbol{A} \cdot \mathrm{d}\boldsymbol{S} = \iiint_{\Omega} \text{div } \boldsymbol{A} \mathrm{d}v = 0,$$

或

$$\iint_{S_1^-} \boldsymbol{A} \cdot \mathrm{d}\boldsymbol{S} + \iint_{S_2^+} \boldsymbol{A} \cdot \mathrm{d}\boldsymbol{S} + \iint_{S_3^+} \boldsymbol{A} \cdot \mathrm{d}\boldsymbol{S} = 0,$$

这里 S_1^- 表示 S_1 取所在封闭曲面 S 的内侧，S_2^+，S_3^+ 表示取所在封闭曲面 S 的外侧. 注意向量场 $\boldsymbol{A}$ 是与向量线相切的，从而与向量管的管面相切，所以在 S_3 上的通量为零，即

$$\iint_{S_3^+} \boldsymbol{A} \cdot \mathrm{d}\boldsymbol{S} = 0.$$

因此，就有

$$\iint_{S_1^-} \boldsymbol{A} \cdot \mathrm{d}\boldsymbol{S} + \iint_{S_2^+} \boldsymbol{A} \cdot \mathrm{d}\boldsymbol{S} = 0,$$

即

$$\iint_{S_1} \boldsymbol{A} \cdot \mathrm{d}\boldsymbol{S} = \iint_{S_2} \boldsymbol{A} \cdot \mathrm{d}\boldsymbol{S}.$$

上面的定理说明，管形场中穿过同一向量管的所有横截面的通量都相等. 比如在无源的流速场中，流入某个向量管的流量和流出向量管的流量是一样的，就如同在一个真正的管子流动一样，管形场由此得名.

定理 6.6 在面单连域内向量场 $\boldsymbol{A}$ 为管形场的充要条件是：它为另一个向量场 $\boldsymbol{B}$ 的旋度场. 此时称 $\boldsymbol{B}$ 为 $\boldsymbol{A}$ 的势向量.

证 充分性：设 $\boldsymbol{A} = \mathrm{rot}\, \boldsymbol{B}$，则由旋度运算的基本公式有

$$\mathrm{div}\, \boldsymbol{A} = \mathrm{div}(\mathrm{rot}\, \boldsymbol{B}) = 0,$$

所以向量场 $\boldsymbol{A}$ 为管形场.

必要性：设 $\boldsymbol{A} = P\boldsymbol{i} + Q\boldsymbol{j} + R\boldsymbol{k}$ 为管形场，即有 $\mathrm{div}\, \boldsymbol{A} = 0$，要证明存在向量场 $\boldsymbol{B} = U\boldsymbol{i} + V\boldsymbol{j} + W\boldsymbol{k}$，满足

$$\mathrm{rot}\, \boldsymbol{B} = \boldsymbol{A},$$

也就是

$$\begin{cases} \dfrac{\partial W}{\partial y} - \dfrac{\partial V}{\partial z} = P, \\[2mm] \dfrac{\partial U}{\partial z} - \dfrac{\partial W}{\partial x} = Q, \\[2mm] \dfrac{\partial V}{\partial x} - \dfrac{\partial U}{\partial y} = R. \end{cases}$$

为简单起见，取 $W = C$（C 为任意常数）. 据上式，利用曲线积分有

$$U = \int_{z_0}^{z} Q(x, y, z) \mathrm{d}z - \int_{y_0}^{y} R(x, y, z_0) \mathrm{d}y,$$

$$V = -\int_{z_0}^{z} P(x, y, z)\mathrm{d}z,$$

由此就得到满足定理条件的向量场

$$\boldsymbol{B} = \left(\int_{z_0}^{z} Q(x, y, z)\mathrm{d}z - \int_{y_0}^{y} R(x, y, z_0)\mathrm{d}y\right)\boldsymbol{i} + \left(-\int_{z_0}^{z} P(x, y, z)\mathrm{d}z\right)\boldsymbol{j} + C\boldsymbol{k}.$$

$$(6\text{-}32)$$

3. 调和场

定义 6.15　设有向量场 $\boldsymbol{A}$，若其散度 $\operatorname{div} \boldsymbol{A} \equiv 0$，旋度 $\operatorname{rot} \boldsymbol{A} \equiv \boldsymbol{0}$，则称此向量场为调和场. 也就是说，调和场就是既无源又无旋的向量场.

例如，位于原点的点电荷 q 产生的电场中，除去点电荷 q 所在的原点外，电位移向量 $\boldsymbol{D}$ 处处满足

$$\operatorname{div} \boldsymbol{D} \equiv 0, \quad \operatorname{rot} \boldsymbol{D} \equiv \boldsymbol{0},$$

也就是电位移向量 $\boldsymbol{D}$ 在除去原点外的区域内形成一个调和场.

设向量场 $\boldsymbol{A}$ 为调和场，按定义有 $\operatorname{rot} \boldsymbol{A} \equiv \boldsymbol{0}$，因此存在函数 u 满足 $\boldsymbol{A} = \operatorname{grad} u$；按定义有 $\operatorname{div} \boldsymbol{A} \equiv 0$，于是有

$$\operatorname{div}(\operatorname{grad} u) = 0,$$

也就有

$$\frac{\partial^2 u}{\partial x^2} + \frac{\partial^2 u}{\partial y^2} + \frac{\partial^2 u}{\partial z^2} = 0, \tag{6-33}$$

即函数 u 满足拉普拉斯(Laplace)方程或调和方程，u 是一个调和函数. 调和场存在调和函数，调和场由此得名.

下面着重介绍一下平面调和场. 平面调和场是指既无源又无旋的平面向量场.

设有平面调和场 $\boldsymbol{A} = P(x, y)\boldsymbol{i} + Q(x, y)\boldsymbol{j}$.

(1) 由于 $\operatorname{rot} \boldsymbol{A} = \left(\dfrac{\partial Q}{\partial x} - \dfrac{\partial P}{\partial y}\right)\boldsymbol{k} = \boldsymbol{0}$，即

$$\frac{\partial Q}{\partial x} - \frac{\partial P}{\partial y} = 0,$$

故存在势函数 v 满足 $\boldsymbol{A} = -\operatorname{grad} v$，即有

$$P = -\frac{\partial v}{\partial x}, \quad Q = -\frac{\partial v}{\partial y}, \tag{6-34}$$

利用曲线积分，势函数 v 可表示为：

$$v(x, y) = -\int_{x_0}^{x} P(x, y_0)\mathrm{d}x - \int_{y_0}^{y} Q(x, y)\mathrm{d}y. \tag{6-35}$$

(2) $\operatorname{div} \boldsymbol{A} \equiv 0$，即

$$\frac{\partial P}{\partial x} + \frac{\partial Q}{\partial y} = 0.$$

如果引入一个向量场 $\boldsymbol{\alpha}$，令 $\boldsymbol{\alpha} = -Q\boldsymbol{i} + P\boldsymbol{j}$，那么 $\boldsymbol{\alpha}$ 的旋度

$$\text{rot } \boldsymbol{\alpha} = \left(\frac{\partial P}{\partial x} - \frac{\partial(-Q)}{\partial y} \right)\boldsymbol{k} = \boldsymbol{0},$$

因此，向量场 $\boldsymbol{\alpha}$ 为有势场，故存在函数 u 满足 $\boldsymbol{\alpha} = \text{grad } u$，即有

$$-Q = \frac{\partial u}{\partial x}, \quad P = \frac{\partial u}{\partial y}, \tag{6-36}$$

函数 u 称为平面调和场 $\boldsymbol{A}$ 的力函数，其积分表示为

$$u(x,y) = \int_{x_0}^{x} -Q(x, y_0)\mathrm{d}x + \int_{y_0}^{y} P(x, y)\mathrm{d}y. \tag{6-37}$$

（3）从上面可以看出，势函数 v 和力函数 u 满足柯西-黎曼条件

$$\frac{\partial u}{\partial x} = \frac{\partial v}{\partial y}, \frac{\partial u}{\partial y} = -\frac{\partial v}{\partial x}.$$

进而函数 v 和 u 是二维的调和函数，即 v 和 u 满足二维拉普拉斯方程

$$\frac{\partial^2 u}{\partial x^2} + \frac{\partial^2 u}{\partial y^2} = 0, \frac{\partial^2 v}{\partial x^2} + \frac{\partial^2 v}{\partial y^2} = 0,$$

由复变函数知识可知，势函数 v 是力函数 u 的共轭调和函数.

（4）力函数 u 与势函数 v 的等值线

$$u(x,y) = C_1, \quad v(x,y) = C_2,$$

相应地称为平面调和场的力线与等势线. 不难看出，在场中任一点处，力线的切线与场中的向量 $\boldsymbol{A} = P\boldsymbol{i} + Q\boldsymbol{j}$ 的方向一致，因此力线就是场的向量线；而等势线与力线是互相正交的.

【例 6-17】 位于坐标原点的点电荷 q 所产生的平面静电场中，电场强度

$$\boldsymbol{E} = \frac{q}{2\pi\varepsilon r^2}\boldsymbol{r} = \frac{q}{2\pi\varepsilon}\frac{x\boldsymbol{i} + y\boldsymbol{j}}{x^2 + y^2},$$

求出 $\boldsymbol{E}$ 的势函数 v 与力函数 u.

解 这里 $P(x,y) = \frac{q}{2\pi\varepsilon}\frac{x}{x^2 + y^2}$，$Q(x,y) = \frac{q}{2\pi\varepsilon}\frac{y}{x^2 + y^2}$，当然可以根据式（6-33）和式（6-37）分别求出势函数和力函数. 下面采用另外一种方法，通过复变函数知识求势函数和力函数.

由于势函数 v 是力函数 u 的共轭调和函数，所以不妨令函数 $f(z) = u + iv$，可以看出 $f(z)$ 是一个解析函数.

由于，据式（6-34）或式（6-36）就有

$$f'(z)=\frac{\partial u}{\partial x}+\mathrm{i}\frac{\partial v}{\partial x}=-Q-\mathrm{i}P$$

$$=\frac{q}{2\pi\varepsilon}\left(\frac{-y}{x^2+y^2}-\mathrm{i}\frac{x}{x^2+y^2}\right)=-\frac{q}{2\pi\varepsilon}\frac{\mathrm{i}}{z},$$

那么

$$f(z)=\int_{z_0}^{z}f'(z)\mathrm{d}z=-\frac{q}{2\pi\varepsilon}\mathrm{i}\int_{z_0}^{z}\frac{1}{z}\mathrm{d}z$$

$$=-\frac{q}{2\pi\varepsilon}\mathrm{i}\ln\frac{z}{z_0}$$

$$=-\frac{q}{2\pi\varepsilon}\mathrm{i}\left(\ln\left|\frac{z}{z_0}\right|+\mathrm{i}\arg\frac{z}{z_0}\right)$$

$$=\frac{q}{2\pi\varepsilon}\left(\arg\frac{z}{z_0}-\mathrm{i}\ln\left|\frac{z}{z_0}\right|\right)$$

$$=\frac{q}{2\pi\varepsilon}\left(\arctan\frac{y}{x}-\arctan\frac{y_0}{x_0}+\mathrm{i}\frac{1}{2}\ln\frac{x_0^2+y_0^2}{x^2+y^2}\right),$$

所以 $u(x,y)=\frac{q}{2\pi\varepsilon}\left(\arctan\frac{y}{x}-\arctan\frac{y_0}{x_0}\right),v(x,y)=\frac{q}{4\pi\varepsilon}\ln\frac{x_0^2+y_0^2}{x^2+y^2}.$

从而,场的力线和等势线方程化简后可分别写为:

$$\frac{y}{x}=C_1,\quad x^2+y^2=C_2.$$

习　　题

1. 求下列数量场的等值面:

(1) $u=z-\sqrt{x^2+y^2}$;

(2) $u=\ln(x^2+y^2+z^2)$.

2. 求向量场 $\boldsymbol{A}=y^2x\boldsymbol{i}+x^2y\boldsymbol{j}+y^2z\boldsymbol{k}$ 的向量线方程.

3. 设 $u(M)=3x^2+z^2-2yz+2xz$,求 $u(M)$ 在点 $M_0(1,2,3)$ 处沿向量 $\boldsymbol{l}=yx\boldsymbol{i}+zx\boldsymbol{j}+xy\boldsymbol{k}$ 方向的方向导数.

4. 求数量场 $\boldsymbol{u}=xyz^2-2x+x^2y$ 在点 $(-1,3,-2)$ 处的梯度.

5. 求向量场 $\boldsymbol{A}=x^3\boldsymbol{i}+y^3\boldsymbol{j}+z^3\boldsymbol{k}$ 从球面 $S:x^2+y^2+z^2=a^2$ 内穿出的通量.

6. 求向量场 $\boldsymbol{A}=(2z-3y)\boldsymbol{i}+(3x-z)\boldsymbol{j}+(y-2x)\boldsymbol{k}$ 的散度.

7. 求向量场 $\boldsymbol{A}=-y\boldsymbol{i}+x\boldsymbol{j}+c\boldsymbol{k}$($c$ 为常数)沿圆周 $x^2+y^2=R^2,z=0$ 的环

量(旋转方向与 z 轴成右手螺旋关系).

8. 求向量场 $A=xyz(i+j+k)$ 在点 $M(1,3,2)$ 处的旋度以及在这点沿方向 $l=\dfrac{1}{3}(i+2j+2k)$ 的环量面密度.

9. 设向量场 $A=(y^2+2xz^2)i+(2xy-z)j+(2x^2z-y+2z)k$,问 A 是有势场吗？若是,求其势函数.

第 7 章　傅里叶变换

傅里叶变换对现代科学技术发展具有很重要的意义,它在通信理论、自动控制、电子技术、射电天文、衍射物理等多种学科中有着广泛的应用,在一定意义上可以说,傅里叶变换起着沟通不同学科领域的作用.例如,把傅里叶变换引入光学,促进了通信理论与光学的结合,从而形成了作为近代光学重要分支的傅里叶光学与光学信息处理技术.因此,傅里叶变换可以看作是近代科学技术发展的基本数学工具之一.

§7.1　傅里叶积分

在高等数学中,学习傅里叶(Fourier)级数时,以 T 为周期的实值函数 $f(t)$ 在区间 $\left[-\dfrac{T}{2},\dfrac{T}{2}\right]$ 上满足狄利克雷(Dirichlet)条件,即在区间 $\left[-\dfrac{T}{2},\dfrac{T}{2}\right]$ 上:

(1) 连续或只有有限个第一类间断点;

(2) 只有有限个极值点.

那么在区间 $\left[-\dfrac{T}{2},\dfrac{T}{2}\right]$ 上,$f(t)$ 就可以展成傅里叶级数.

在 $f_T(t)$ 的连续点处,级数的三角形式为

$$f_T(t) = \frac{a_0}{2} + \sum_{n=1}^{\infty}(a_n\cos n\omega t + b_n\sin n\omega t), \tag{7-1}$$

其中,$\omega = \dfrac{2\pi}{T}$;

$$a_0 = \frac{2}{T}\int_{-\frac{T}{2}}^{\frac{T}{2}} f_T(t)\,\mathrm{d}t;$$

$$a_n = \frac{2}{T}\int_{-\frac{T}{2}}^{\frac{T}{2}} f_T(t)\cos n\omega t\,\mathrm{d}t \quad (n=1,2,3,\cdots);$$

$$b_n = \frac{2}{T}\int_{-\frac{T}{2}}^{\frac{T}{2}} f_T(t)\sin n\omega t\,\mathrm{d}t \quad (n=1,2,3,\cdots).$$

为了使用上的方便,下面把傅里叶级数的三角形式转换为复指数形式. 由欧拉公式

$$\cos \theta = \frac{e^{j\theta} + e^{-j\theta}}{2}$$

$$\sin \theta = \frac{e^{j\theta} - e^{-j\theta}}{2j} = -j \frac{e^{j\theta} - e^{-j\theta}}{2},$$

此时,式(7-1)可写为

$$f_T(t) = \frac{a_0}{2} + \sum_{n=1}^{\infty} \left(a_n \frac{e^{jn\omega t} + e^{-jn\omega t}}{2} + b_n \frac{e^{jn\omega t} - e^{-jn\omega t}}{2j} \right)$$

$$= \frac{a_0}{2} + \sum_{n=1}^{\infty} \left(\frac{a_n - jb_n}{2} e^{jn\omega t} + \frac{a_n + jb_n}{2} e^{-jn\omega t} \right),$$

若令

$$c_0 = \frac{a_0}{2}, \quad c_n = \frac{a_n - jb_n}{2}, c_{-n} = \frac{a_n + jb_n}{2}.$$

再令

$$\omega_n = n\omega \quad (n = 0, \pm 1, \pm 2, \cdots),$$

则式(7-1)可写

$$f_T(t) = c_0 + \sum_{n=1}^{\infty} (c_n e^{j\omega_n t} + c_{-n} e^{-j\omega_n t})$$

$$= \sum_{n=-\infty}^{+\infty} c_n e^{j\omega_n t},$$

其中

$$c_n = \frac{1}{T} \int_{-\frac{T}{2}}^{\frac{T}{2}} f_T(t) e^{-j\omega_n t} dt, (n = 0, \pm 1, \pm 2, \cdots),$$

这就是傅里叶级数的复指数形式,或者写为

$$f_T(t) = \frac{1}{T} \sum_{n=-\infty}^{+\infty} \left[\int_{-\frac{T}{2}}^{\frac{T}{2}} f_T(\tau) e^{-j\omega_n \tau} d\tau \right] e^{j\omega_n t}. \tag{7-2}$$

下面讨论非周期函数的展开问题.任何一个非周期函数 $f(t)$ 都可以看作是由某个周期函数 $f_T(t)$(当 $T \to +\infty$ 时)转化而来的.

为了说明这一点,作周期为 T 的函数 $f_T(t)$,使其在 $\left[-\frac{T}{2}, \frac{T}{2}\right]$ 内等于 $f(t)$,而在 $\left[-\frac{T}{2}, \frac{T}{2}\right]$ 之外按周期 T 的函数 $f_T(t)$ 延拓出去,即

$$f_T(t) = \begin{cases} f(t), & t \in \left[-\frac{T}{2}, \frac{T}{2}\right], \\ f_T(t+T), & t \notin \left[-\frac{T}{2}, \frac{T}{2}\right]. \end{cases}$$

T 越大,$f_T(t)$ 与 $f(t)$ 相等的范围也越大,这表明当 $T \to +\infty$ 时,周期函数 $f_T(t)$ 便可转化为 $f(t)$,即有

$$\lim_{T \to +\infty} f_T(t) = f(t).$$

这样在式(7-2)中令 $T \to +\infty$ 时,结果就可以看成是 $f(t)$ 的展开式,即

$$f(t) = \lim_{T \to +\infty} \frac{1}{T} \sum_{n=-\infty}^{+\infty} \left[\int_{-\frac{T}{2}}^{\frac{T}{2}} f_T(\tau) \mathrm{e}^{-\mathrm{j}\omega_n \tau} \mathrm{d}\tau \right] \mathrm{e}^{\mathrm{j}\omega_n t}.$$

当 n 取一切整数时,ω_n 所对应的点便均匀地分布在整个数轴上,若两个相邻点的距离以 $\Delta\omega$ 表示,即 $\Delta\omega = \omega_n - \omega_{n-1} = \dfrac{2\pi}{T}$ 或 $T = \dfrac{2\pi}{\Delta\omega}$,则当 $T \to +\infty$ 时,有 $\Delta\omega \to 0$,所以上式又可以写为

$$f(t) = \lim_{\Delta\omega \to 0} \frac{1}{2\pi} \sum_{n=-\infty}^{+\infty} \left[\int_{-\frac{T}{2}}^{\frac{T}{2}} f_T(\tau) \mathrm{e}^{-\mathrm{j}\omega_n \tau} \mathrm{d}\tau \right] \mathrm{e}^{\mathrm{j}\omega_n t} \Delta\omega. \tag{7-3}$$

当 t 固定时,$\dfrac{1}{2\pi} \left[\int_{-\frac{T}{2}}^{\frac{T}{2}} f_T(\tau) \mathrm{e}^{-\mathrm{j}\omega\tau} \mathrm{d}\tau \right] \mathrm{e}^{\mathrm{j}\omega t}$ 是参数 ω 的函数,记为 $\varphi_T(\omega)$,即

$$\varphi_T(\omega) = \frac{1}{2\pi} \left[\int_{-\frac{T}{2}}^{\frac{T}{2}} f_T(\tau) \mathrm{e}^{-\mathrm{j}\omega\tau} \mathrm{d}\tau \right] \mathrm{e}^{\mathrm{j}\omega t}$$

利用 $\varphi_T(\omega)$ 可将式(7-3)写成

$$f(t) = \lim_{\Delta\omega \to 0} \sum_{n=-\infty}^{+\infty} \varphi_T(\omega_n) \Delta\omega,$$

很明显,当 $\Delta\omega \to 0$ 时,即 $T \to +\infty$ 时,$\varphi_T(\omega) \to \varphi(\omega)$. 这里

$$\varphi(\omega) = \frac{1}{2\pi} \left[\int_{-\infty}^{+\infty} f(\tau) \mathrm{e}^{-\mathrm{j}\omega\tau} \mathrm{d}\tau \right] \mathrm{e}^{\mathrm{j}\omega t},$$

从而 $f(t)$ 可以看作是 $\varphi(\omega)$ 在 $(-\infty, +\infty)$ 上的积分

$$f(t) = \int_{-\infty}^{+\infty} \varphi(\omega) \mathrm{d}\omega,$$

即

$$f(t) = \frac{1}{2\pi} \int_{-\infty}^{+\infty} \left[\int_{-\infty}^{+\infty} f(\tau) \mathrm{e}^{-\mathrm{j}\omega\tau} \mathrm{d}\tau \right] \mathrm{e}^{\mathrm{j}\omega t} \mathrm{d}\omega.$$

这个公式称为函数 $f(t)$ 的傅里叶积分公式.注意到上式只是由式(7-3)的右端从形式上推导出来的,并不严格.至于一个非周期函数 $f(t)$ 在什么条件下可以用傅里叶积分公式表示,可以了解下面的定理.

定理 7.1　傅里叶积分定理　若 $f(t)$ 在 $(-\infty, +\infty)$ 上满足下列条件:

(1) $f(t)$ 在任一有限区间上满足狄利克雷条件;

(2) $f(t)$ 在无限区间 $(-\infty, +\infty)$ 上绝对可积(即积分 $\int_{-\infty}^{+\infty} |f(t)| \mathrm{d}t$ 收敛),

则有

$$f(t) = \frac{1}{2\pi} \int_{-\infty}^{+\infty} \left[\int_{-\infty}^{+\infty} f(\tau) e^{-j\omega\tau} d\tau \right] e^{j\omega t} d\omega \qquad (7\text{-}4)$$

成立。需要注意的是上式左端的 $f(t)$ 在它的间断点 t 处，应以 $\frac{f(t+0)+f(t-0)}{2}$ 来代替. 这个定理的条件是充分的,它的证明要用到较多的基础理论,这里从略.

【例 7-1】 求函数 $f(t) = \begin{cases} 1, & |t| \leq 1 \\ 0, & |t| < 1 \end{cases}$ 的傅里叶积分表达式.

解 根据傅里叶积分公式的复数形式(7-4),有

$$\begin{aligned} f(t) &= \frac{1}{2\pi} \int_{-\infty}^{+\infty} \left[\int_{-\infty}^{+\infty} f(\tau) e^{-j\omega\tau} d\tau \right] e^{j\omega t} d\omega \\ &= \frac{1}{2\pi} \int_{-\infty}^{+\infty} \left[\int_{-1}^{1} (\cos \omega\tau - j\sin \omega\tau) d\tau \right] e^{j\omega t} d\omega \\ &= \frac{1}{\pi} \int_{-\infty}^{+\infty} \left[\int_{0}^{1} \cos \omega\tau d\tau \right] e^{j\omega t} d\omega \\ &= \frac{1}{\pi} \int_{-\infty}^{+\infty} \frac{\sin \omega}{\omega} (\cos \omega t + j\sin \omega t) d\omega \\ &= \frac{2}{\pi} \int_{0}^{+\infty} \frac{\sin \omega \cos \omega t}{\omega} d\omega, \quad (t \neq \pm 1), \end{aligned}$$

当 $t = \pm 1$ 时, $f(t)$ 可以用 $\frac{f(\pm 1+0)+f(\pm 1-0)}{2} = \frac{1}{2}$ 代替.

根据上述的结果,可以写为

$$\frac{2}{\pi} \int_{0}^{+\infty} \frac{\sin \omega \cos \omega t}{\omega} d\omega = \begin{cases} f(t), & t \neq \pm 1, \\ \frac{1}{2}, & t = \pm 1. \end{cases}$$

即

$$\int_{0}^{+\infty} \frac{\sin \omega \cos \omega t}{\omega} d\omega = \begin{cases} \frac{\pi}{2}, & |t| < 1, \\ \frac{\pi}{4}, & |t| = 1, \\ 0, & |t| > 1. \end{cases}$$

由此可以看出,利用 $f(t)$ 的傅里叶积分表达式可以得到一些广义积分的结果. 这里,当 $t = 0$ 时,有

$$\int_{0}^{+\infty} \frac{\sin \omega}{\omega} d\omega = \frac{\pi}{2},$$

这就是著名的狄利克雷积分.

§7.2　傅里叶变换

我们已经知道,若函数 $f(t)$ 满足傅里叶积分定理中的条件,则在 $f(t)$ 的连续点处,便有式(7-6),即

$$f(t) = \frac{1}{2\pi} \int_{-\infty}^{+\infty} \left[\int_{-\infty}^{+\infty} f(\tau) \mathrm{e}^{-\mathrm{j}\omega\tau} \mathrm{d}\tau \right] \mathrm{e}^{\mathrm{j}\omega t} \mathrm{d}\omega \tag{7-6}$$

成立.

从式(7-6)出发,设

$$F(\omega) = \int_{-\infty}^{+\infty} f(t) \mathrm{e}^{-\mathrm{j}\omega t} \mathrm{d}t, \tag{7-7}$$

则

$$f(t) = \frac{1}{2\pi} \int_{-\infty}^{+\infty} F(\omega) \mathrm{e}^{\mathrm{j}\omega t} \mathrm{d}\omega. \tag{7-8}$$

从上面两式可以看出,$f(t)$ 和 $F(\omega)$ 通过指定的积分运算可以相互表达.

式(7-7)叫作 $f(t)$ 的傅里叶变换式,可记 $\mathscr{F}[f(t)]$,$F(\omega)$ 叫作 $f(t)$ 的象函数.式(7-8)叫作 $F(\omega)$ 的傅里叶逆变换式,可记为 $\mathscr{F}^{-1}[F(\omega)]$,$f(t)$ 叫作 $F(\omega)$ 的象原函数.

式(7-7)右端的积分运算,叫作取 $f(t)$ 的傅里叶变换,同样,式(7-8)右端的积分运算叫作 $F(\omega)$ 的傅里叶逆变换.可以说象函数 $F(\omega)$ 和象原函数 $f(t)$ 构成了一个傅里叶变换对.

【例 7-2】　求函数 $f(t) = \begin{cases} 1, & |t| < c \\ 0, & |t| > c \end{cases}$ 的傅里叶变换.

解　由傅里叶变换的定义

$$\begin{aligned}
F(\omega) &= \mathscr{F}[f(t)] = \int_{-\infty}^{+\infty} f(t) \mathrm{e}^{-\mathrm{j}\omega t} \mathrm{d}t \\
&= \int_{-c}^{c} \mathrm{e}^{-\mathrm{j}\omega t} \mathrm{d}t \\
&= \int_{-c}^{c} \cos \omega t \mathrm{d}t - \mathrm{j} \int_{-c}^{c} \sin \omega t \mathrm{d}t \\
&= 2 \int_{0}^{c} \cos \omega t \mathrm{d}t \\
&= \begin{cases} \dfrac{2\sin \omega c}{\omega}, & \omega \neq 0, \\ 2c, & \omega = 0. \end{cases}
\end{aligned}$$

【例 7-3】　求函数 $f(t) = \begin{cases} 0, & t < 0 \\ \mathrm{e}^{-\beta t}, & t \geqslant 0 \end{cases}$ 的傅里叶变换及其积分表达式,其

中 $\beta > 0$，这个 $f(t)$ 叫作指数衰减函数，是工程技术中常碰到的一个函数．

解 根据傅里叶变换的定义式，有

$$F(\omega) = \mathscr{F}\left[f(t)\right] = \int_{-\infty}^{+\infty} f(t)\mathrm{e}^{-\mathrm{j}\omega t}\,\mathrm{d}t$$

$$= \int_{0}^{+\infty} \mathrm{e}^{-\beta t}\,\mathrm{e}^{-\mathrm{j}\omega t}\,\mathrm{d}t$$

$$= \int_{0}^{+\infty} \mathrm{e}^{-(\beta+\mathrm{j}\omega)t}\,\mathrm{d}t$$

$$= \left.\frac{\mathrm{e}^{-(\beta+\mathrm{j}\omega)t}}{-(\beta+\mathrm{j}\omega)}\right|_{0}^{+\infty} = \frac{1}{\beta+\mathrm{j}\omega} = \frac{\beta-\mathrm{j}\omega}{\beta^{2}+\omega^{2}}.$$

这就是指数衰减函数的傅里叶变换．当求出某个函数的傅里叶变换后，求这个函数的积分表达式时，能够得到某些含参变量广义积分的值，这是积分变换的一个重要应用，也是含参变量广义积分的一种巧妙的解法．

下面求指数衰减函数的积分表达式．

$$f(t) = \mathscr{F}^{-1}\left[F(\omega)\right] = \frac{1}{2\pi}\int_{-\infty}^{+\infty} F(\omega)\mathrm{e}^{\mathrm{j}\omega t}\,\mathrm{d}\omega$$

$$= \frac{1}{2\pi}\int_{-\infty}^{+\infty} \frac{\beta-\mathrm{j}\omega}{\beta^{2}+\omega^{2}}\mathrm{e}^{\mathrm{j}\omega t}\,\mathrm{d}\omega$$

$$= \frac{1}{2\pi}\int_{-\infty}^{+\infty} \frac{(\beta-\mathrm{j}\omega)(\cos\omega t + \mathrm{j}\sin\omega t)}{\beta^{2}+\omega^{2}}\,\mathrm{d}\omega$$

$$= \frac{1}{2\pi}\int_{-\infty}^{+\infty} \frac{\beta\cos\omega t - \mathrm{j}\omega\cos\omega t + \mathrm{j}\beta\sin\omega t + \omega\sin\omega t}{\beta^{2}+\omega^{2}}\,\mathrm{d}\omega$$

$$= \frac{1}{2\pi}\int_{-\infty}^{+\infty} \frac{\beta\cos\omega t + \omega\sin\omega t}{\beta^{2}+\omega^{2}}\,\mathrm{d}\omega$$

$$= \frac{1}{\pi}\int_{0}^{+\infty} \frac{\beta\cos\omega t + \omega\sin\omega t}{\beta^{2}+\omega^{2}}\,\mathrm{d}\omega.$$

由此还得到一个含参变量广义积分的结果：

$$\int_{0}^{+\infty} \frac{\beta\cos\omega t + \omega\sin\omega t}{\beta^{2}+\omega^{2}}\,\mathrm{d}\omega = \begin{cases} 0, & t < 0, \\[2mm] \dfrac{\pi}{2}, & t = 0, \\[2mm] \pi\mathrm{e}^{-\beta x}, & t > 0. \end{cases}$$

【例 7-4】 求 $f(t) = \mathrm{e}^{-\beta|t|}$ $(\beta > 0)$ 的傅里叶变换，并证明 $\displaystyle\int_{0}^{+\infty} \frac{\cos\omega t}{\beta^{2}+\omega^{2}}\,\mathrm{d}\omega = \frac{\pi}{2\beta}\mathrm{e}^{-\beta|t|}$．

解 $F(\omega) = \mathscr{F}\left[f(t)\right] = \displaystyle\int_{-\infty}^{+\infty} f(t)\mathrm{e}^{-\mathrm{j}\omega t}\,\mathrm{d}t$

$$= \int_{-\infty}^{+\infty} \mathrm{e}^{-\beta|t|}\,\mathrm{e}^{-\mathrm{j}\omega t}\,\mathrm{d}t$$

$$= \int_0^{+\infty} \mathrm{e}^{-\beta t}\,\mathrm{e}^{-\mathrm{j}\omega t}\,\mathrm{d}t + \int_{-\infty}^0 \mathrm{e}^{\beta t}\,\mathrm{e}^{-\mathrm{j}\omega t}\,\mathrm{d}t$$

$$= \int_0^{+\infty} \mathrm{e}^{-(\beta+\mathrm{j}\omega)t}\,\mathrm{d}t + \int_{-\infty}^0 \mathrm{e}^{(\beta-\mathrm{j}\omega)t}\,\mathrm{d}t$$

$$= \left.\frac{\mathrm{e}^{-(\beta+\mathrm{j}\omega)t}}{-(\beta+\mathrm{j}\omega)}\right|_0^{+\infty} + \left.\frac{\mathrm{e}^{(\beta-\mathrm{j}\omega)t}}{\beta-\mathrm{j}\omega}\right|_{-\infty}^0$$

$$= \frac{1}{\beta+\mathrm{j}\omega} + \frac{1}{\beta-\mathrm{j}\omega}$$

$$= \frac{2\beta}{\beta^2+\omega^2}.$$

$$f(t) = \mathscr{F}^{-1}\big[F(\omega)\big] = \frac{1}{2\pi}\int_{-\infty}^{+\infty} F(\omega)\mathrm{e}^{\mathrm{j}\omega t}\,\mathrm{d}\omega$$

$$= \frac{1}{2\pi}\int_{-\infty}^{+\infty} \frac{2\beta}{\beta^2+\omega^2}\mathrm{e}^{\mathrm{j}\omega t}\,\mathrm{d}\omega$$

$$= \frac{\beta}{\pi}\int_{-\infty}^{+\infty} \frac{\mathrm{e}^{\mathrm{j}\omega t}}{\beta^2+\omega^2}\,\mathrm{d}\omega$$

$$= \frac{\beta}{\pi}\int_{-\infty}^{+\infty} \frac{\cos\omega t}{\beta^2+\omega^2}\,\mathrm{d}\omega$$

$$= \frac{2\beta}{\pi}\int_0^{+\infty} \frac{\cos\omega t}{\beta^2+\omega^2}\,\mathrm{d}\omega.$$

即
$$\int_0^{+\infty} \frac{\cos\omega t}{\beta^2+\omega^2}\,\mathrm{d}\omega = \frac{\pi}{2\beta}f(t) = \frac{\pi}{2\beta}\mathrm{e}^{-\beta|t|}.$$

§7.3　单位脉冲函数

1. 单位脉冲函数(Unit Impulse Function)的概念

为了突出主要因素,在物理学中常常运用质点、点电荷、瞬时力等抽象模型.如质点的体积为零,所以它的密度(质量与体积之比)为无穷大,但密度的体积积分(总质量)却又是有限的;瞬时力的延续时间为零,而力的大小为无穷大,但力的时间积分(即冲量)是有限的.为了描述这一类抽象概念,就需要引入一个新的函数,统一处理这种集中的量与连续分布的量.单位脉冲函数(δ—函数,Dirac 函数)便是用来描述集中量分布的密度函数.

下面通过两个具体例子,说明这种函数引入的必要性.

【例 7-5】　求脉冲电路中的电流强度问题.在电流为零的电路中,某一瞬间（设 $t=0$)进入一单位电量的脉冲,求这时电路中的电流强度 $i(t)$.

解　以 $q(t)$ 表示上述电路中的电荷函数,则有

$$q(t) = \begin{cases} 0, & t \neq 0 \\ 1, & t = 0 \end{cases}.$$

由于电流强度是电荷函数对时间的变化率,即

$$i(t) = \frac{\mathrm{d}q(t)}{\mathrm{d}t} = \lim_{\Delta t \to 0} \frac{q(t + \Delta t) - q(t)}{\Delta t},$$

故,当 $t \neq 0$ 时, $i(t) = 0$;当 $t = 0$ 时,有

$$i(0) = \lim_{\Delta t \to 0} \frac{q(0 + \Delta t) - q(0)}{\Delta t} = \lim_{\Delta t \to 0} \left(-\frac{1}{\Delta t} \right) = \infty,$$

总电量 $q = \displaystyle\int_{-\infty}^{+\infty} i(t)\mathrm{d}t = 1.$

【例 7-6】 求质量集中分布的无限长细杆的线密度问题.

解 考虑 t 轴上无限长的细杆,杆上除了在点 $t = 0$ 处有质量 $m = 1$ 外,处处无质量分布,设细杆的线密度函数为 $\rho(t)$,则它必具有如下性质:

(1) 当 $t \neq 0$ 时, $\rho(t) = 0$;当 $t = 0$ 时, $\rho(t) = \infty$.这是因为除了 $t = 0$ 点外,处处无质量分布.

(2) 当有限区间 I 中含有点 $t = 0$ 时,则 $\displaystyle\int_{-\infty}^{+\infty} \rho(t)\mathrm{d}t = \int_{I} \rho(t)\mathrm{d}t = 1$,这是因为线密度的积分是质量.

单位脉冲函数就是将诸如 $i(t)$, $\rho(t)$ 等一类函数加以抽象概括而引入数学领域中的,并反过来作为一个强有力的数学工具而得到广泛应用.下面给出单位脉冲函数的定义.

定义 7.1 如果函数 $\delta(t)$ 满足

$$(1)\ \delta(t) = \begin{cases} 0, & t \neq 0 \\ \infty, & t = 0 \end{cases}, \qquad (2)\ \int_{-\infty}^{+\infty} \delta(t)\mathrm{d}t = 1,$$

则称函数 $\delta(t)$ 为单位脉冲函数.

单位脉冲函数不是普通的函数,它不像普通函数那样全由数值对应关系确定.它是一种广义函数,没有普遍意义下的"函数值",所以不能用通常意义下"值的对应关系"来定义,其属性全由它在积分中的作用表现出来.

用数学语言可以将单位脉冲函数定义如下.

定义 7.2 函数序列

$$\delta_{\tau}(t) = \begin{cases} \dfrac{1}{\tau}, & 0 \leqslant t \leqslant \tau; \\ 0, & \text{其他}. \end{cases}$$

当 τ 趋向于零时的极限 $\delta(t)$ 称为单位脉冲函数,即

$$\delta(t) = \lim_{\tau \to 0} \delta_{\tau}(t).$$

容易验证定义 7.1 与定义 7.2 是等价的.

2. 单位脉冲函数的性质

性质 1　设 $f(t)$ 是在 $(-\infty,+\infty)$ 上的有界函数,且在 $t=0$ 处连续,则

$$\int_{-\infty}^{+\infty} f(t)\delta(t)\mathrm{d}t = f(0). \tag{7-9}$$

一般地,若 $f(t)$ 在 $t=t_0$ 处连续,则有

$$\int_{-\infty}^{+\infty} f(t)\delta(t-t_0)\mathrm{d}t = f(t_0).$$

此性质称为筛选性质,其中式(7-9)给出了单位脉冲函数与其他函数的运算关系,它也常常被人们用来定义单位脉冲函数,即采用检验的方式来考察某个函数是否为单位脉冲函数.

性质 2　单位脉冲函数为偶函数,即 $\delta(t)=\delta(-t)$.

§7.4　广义傅里叶变换

在物理学和工程技术中,有许多重要函数不满足傅里叶积分定理中的绝对可积条件,即不满足条件

$$\int_{-\infty}^{+\infty} |f(t)|\,\mathrm{d}t < +\infty.$$

例如,常数、符号函数、单位阶跃函数等,但是利用单位脉冲函数及其傅里叶变换就可以求出它们的傅里叶变换.所谓广义是相对于古典意义而言的.

利用 δ—函数的性质很方便地求出 δ—函数的傅里叶变换.

$$F(\omega) = \mathscr{F}\left[\delta(t)\right] = \int_{-\infty}^{+\infty} \delta(t)\mathrm{e}^{-\mathrm{j}\omega t}\mathrm{d}t = \mathrm{e}^{-\mathrm{j}\omega t}\big|_{t=0} = 1.$$

因此 $\delta(t)$ 与 1 是一个广义傅里叶变换对.同理 $\delta(t-t_0)$ 与 $\mathrm{e}^{-\mathrm{j}\omega t_0}$ 也构成广义傅里叶变换对,进一步地,

$$\mathscr{F}^{-1}\left[2\pi\delta(\omega)\right] = \frac{1}{2\pi}\int_{-\infty}^{+\infty} 2\pi\delta(\omega)\mathrm{e}^{\mathrm{j}\omega t}\mathrm{d}\omega$$

$$= \int_{-\infty}^{+\infty} \delta(\omega)\mathrm{e}^{\mathrm{j}\omega t}\mathrm{d}\omega$$

$$= \mathrm{e}^{\mathrm{j}\omega t}\big|_{\omega=0} = 1.$$

由此可知,常数 1 与 $2\pi\delta(\omega)$ 也构成了广义傅里叶变换对.同理 $\mathrm{e}^{\mathrm{j}\omega_0 t}$ 与 $2\pi\delta(\omega-\omega_0)$ 也构成了一个傅里叶变换对.

【例 7-7】　证明单位阶跃函数 $u(t)=\begin{cases}0, & t<0 \\ 1, & t>0\end{cases}$ 的傅里叶变换为 $\dfrac{1}{\mathrm{j}\omega}+$

$\pi\delta(\omega)$.

证 事实上,若 $F(\omega) = \dfrac{1}{j\omega} + \pi\delta(\omega)$,则按傅里叶逆变换定义可得

$$f(t) = \mathscr{F}^{-1}[F(\omega)] = \frac{1}{2\pi}\int_{-\infty}^{+\infty}\left[\frac{1}{j\omega} + \pi\delta(\omega)\right]e^{j\omega t}d\omega$$

$$= \frac{1}{2\pi}\int_{-\infty}^{+\infty}\pi\delta(\omega)e^{j\omega t}d\omega + \frac{1}{2\pi}\int_{-\infty}^{+\infty}\frac{1}{j\omega}e^{j\omega t}d\omega$$

$$= \frac{1}{2}\int_{-\infty}^{+\infty}\delta(\omega)e^{j\omega t}d\omega + \frac{1}{2\pi}\int_{-\infty}^{+\infty}\frac{\sin\omega t}{\omega}d\omega$$

$$= \frac{1}{2} + \frac{1}{\pi}\int_{0}^{+\infty}\frac{\sin\omega t}{\omega}d\omega.$$

为了说明 $f(t) = u(t)$,就必须计算积分 $\displaystyle\int_{0}^{+\infty}\frac{\sin\omega t}{\omega}d\omega$. 因为,已知 Dirichlet 积分 $\displaystyle\int_{0}^{+\infty}\frac{\sin\omega}{\omega}d\omega = \frac{\pi}{2}$,所以有

$$\int_{0}^{+\infty}\frac{\sin\omega t}{\omega}d\omega = \begin{cases} -\dfrac{\pi}{2}, & t < 0, \\[2mm] 0, & t = 0, \\[2mm] \dfrac{\pi}{2}, & t > 0. \end{cases}$$

其中,当 $t=0$ 时,结果是显然的;当 $t<0$ 时,可令 $u=-\omega t$,则

$$\int_{0}^{+\infty}\frac{\sin\omega t}{\omega}d\omega = \int_{0}^{+\infty}\frac{\sin(-u)}{u}du = -\int_{0}^{+\infty}\frac{\sin u}{u}du = -\frac{\pi}{2}.$$

将此结果代入 $f(t)$ 的表达式中,当 $t\neq0$ 时,可得

$$f(t) = \frac{1}{2} + \frac{1}{\pi}\int_{0}^{+\infty}\frac{\sin\omega t}{\omega}d\omega = \begin{cases} \dfrac{1}{2} + \dfrac{1}{\pi}\left(-\dfrac{\pi}{2}\right) = 0, & t < 0, \\[3mm] \dfrac{1}{2} + \dfrac{1}{\pi}\dfrac{\pi}{2} = 1, & t > 0. \end{cases}$$

这就表明 $\dfrac{1}{j\omega} + \pi\delta(\omega)$ 的傅里叶逆变换为 $u(t)$. 因此 $u(t)$ 和 $\dfrac{1}{j\omega} + \pi\delta(\omega)$ 构成了一个傅里叶变换对,所以,单位阶跃函数 $u(t)$ 的积分表达式在 $t\neq0$ 时,可写为

$$f(t) = \frac{1}{2} + \frac{1}{\pi}\int_{0}^{+\infty}\frac{\sin\omega t}{\omega}d\omega.$$

类似地,若 $F(\omega) = 2\pi\delta(\omega)$ 时,则由傅里叶逆变换可得

$$f(t) = \mathscr{F}^{-1}[F(\omega)] = \frac{1}{2\pi}\int_{-\infty}^{+\infty}2\pi\delta(\omega)e^{j\omega t}d\omega = 1.$$

所以,1 和 $2\pi\delta(\omega)$ 也构成了一个傅里叶变换对,即 $\mathscr{F}[1] = \displaystyle\int_{-\infty}^{+\infty}e^{-j\omega t}dt = 2\pi\delta(\omega)$.

同理,$e^{j\omega_0 t}$ 和 $2\pi\delta(\omega-\omega_0)$ 也构成了一个傅里叶变换对,即 $\mathscr{F}\left[e^{j\omega_0 t}\right]=\int_{-\infty}^{+\infty}e^{-j(\omega-\omega_0)t}dt=2\pi\delta(\omega-\omega_0)$.

【例 7-8】　求正弦函数 $f(t)=\sin\omega_0 t(\omega_0\in R)$ 的傅里叶变换.

解　根据傅里叶变换公式,有

$$
\begin{aligned}
F(\omega)=\mathscr{F}\left[f(t)\right]&=\int_{-\infty}^{+\infty}\sin\omega_0 t e^{-j\omega t}dt\\
&=\int_{-\infty}^{+\infty}\frac{e^{j\omega_0 t}-e^{-j\omega_0 t}}{2j}e^{-j\omega t}dt\\
&=\frac{1}{2j}\int_{-\infty}^{+\infty}e^{-j(\omega-\omega_0)t}-e^{-j(\omega+\omega_0)t}dt\\
&=j\pi\left[\delta(\omega+\omega_0)-\delta(\omega-\omega_0)\right].
\end{aligned}
$$

通过上述的讨论,可以看出引进单位脉冲函数的重要性.它使得在通常意义下的一些不存在的积分,有了确定的数值.同时,通过单位脉冲函数及其傅里叶变换可以很方便地得到工程技术上许多重要函数的傅里叶变换,并且使得许多变换的推导大大地简化.因此,本书介绍单位脉冲函数的目的主要是为了提供一个有用的数学工具,而不是追求它在数学上的严谨叙述或证明.

§7.5　傅里叶变换的性质

傅里叶变换有许多重要性质,这些性质也是理解傅里叶变换的基础.理解这些基本性质和了解它们的数学关系是同样重要的.在许多应用中,这些性质是强有力的手段,熟练掌握这些性质是应用傅里叶变换的前提.

在后面的内容中,我们总假设需要求傅里叶变换的函数都满足傅里叶积分定理中的条件.

1. 线性性质

设 $F_1(\omega)=\mathscr{F}\left[f_1(t)\right]$,$F_2(\omega)=\mathscr{F}\left[f_2(t)\right]$中,$\alpha$、$\beta$ 是常数,则

$$\mathscr{F}\left[\alpha f_1(t)+\beta f_2(t)\right]=\alpha F_1(\omega)+\beta F_2(\omega).$$

同样,$\mathscr{F}^{-1}\left[\alpha F_1(\omega)+\beta F_2(\omega)\right]=\alpha f_1(t)+\beta f_2(t)$.

【例 7-9】　求函数 $f(t)=k+A\cos\omega_0 t(k\in R,A\in R,\omega_0\in R)$ 的傅里叶变换.

解　$\begin{aligned}F(\omega)=\mathscr{F}\left[f(t)\right]&=\mathscr{F}\left[k+A\cos\omega_0 t\right]\\&=2\pi k\delta(\omega)+A\pi\left[\delta(\omega+\omega_0)+\delta(\omega-\omega_0)\right].\end{aligned}$

【例 7-10】 求函数 $f(t)=\begin{cases}3\mathrm{e}^{-5t}-2\mathrm{e}^{-t}, & t\geqslant0\\0, & t<0\end{cases}$ 的傅里叶变换.

解 令 $f_1(t)=\begin{cases}\mathrm{e}^{-5t}, & t\geqslant0\\0, & t<0\end{cases}$, $f_2(t)=\begin{cases}\mathrm{e}^{-t}, & t\geqslant0\\0, & t<0\end{cases}$,则

$$f(t)=3f_1(t)-2f_2(t).$$

由傅里叶变换的线性性质可得

$$\begin{aligned}F(\omega)&=\mathscr{F}\left[f(t)\right]=\mathscr{F}\left[3f_1(t)-2f_2(t)\right]\\&=3\mathscr{F}\left[f_1(t)\right]-2\mathscr{F}\left[f_2(t)\right]\\&=3\int_0^{+\infty}\mathrm{e}^{-5t}\mathrm{e}^{-\mathrm{j}\omega t}\mathrm{d}t-2\int_0^{+\infty}\mathrm{e}^{-t}\mathrm{e}^{-\mathrm{j}\omega t}\mathrm{d}t\\&=3\left[-\frac{1}{5+\mathrm{j}\omega}\mathrm{e}^{-(5+\mathrm{j}\omega)t}\right]_0^{+\infty}-2\left[-\frac{1}{1+\mathrm{j}\omega}\mathrm{e}^{-(1+\mathrm{j}\omega)t}\right]_0^{+\infty}\\&=\frac{3}{5+\mathrm{j}\omega}-\frac{2}{1+\mathrm{j}\omega}.\end{aligned}$$

这个性质说明有限函数线性组合的傅里叶变换等于各函数傅里叶变换的线性组合,这就表明傅里叶变换是一种线性运算,它满足迭加原理的特性,同时也说明了在各种线性系统分析中,傅里叶变换是可用的.

2. 位移性质

设函数 $f(t)$ 的傅里叶变换为 $F(\omega)$,则

$$\mathscr{F}\left[f(t\pm t_0)\right]=\mathrm{e}^{\pm\mathrm{j}\omega t_0}\mathscr{F}\left[f(t)\right]. \tag{7-10}$$

它表明函数 $f(t)$ 沿 t 轴向左或向右位移 t_0 的傅里叶变换等于 $f(t)$ 的傅里叶变换乘以因子 $\mathrm{e}^{\mathrm{j}\omega t_0}$ 或 $\mathrm{e}^{-\mathrm{j}\omega t_0}$.

证 由傅里叶变换的定义,可知

$$\begin{aligned}\mathscr{F}\left[f(t\pm t_0)\right]&=\int_{-\infty}^{+\infty}f(t\pm t_0)\mathrm{e}^{-\mathrm{j}\omega t}\mathrm{d}t\\&\xrightarrow{\diamondsuit\, t\pm t_0=u}\int_{-\infty}^{+\infty}f(u)\mathrm{e}^{-\mathrm{j}\omega(u\mp t_0)}\mathrm{d}u\\&=\mathrm{e}^{\pm\mathrm{j}\omega t_0}\int_{-\infty}^{+\infty}f(u)\mathrm{e}^{-\mathrm{j}\omega u}\mathrm{d}u\\&=\mathrm{e}^{\pm\mathrm{j}\omega t_0}\mathscr{F}\left[f(t)\right].\end{aligned}$$

同样,傅里叶逆变换也有类似的位移性质,即

$$\mathscr{F}^{-1}\left[F(\omega\mp\omega_0)\right]=f(t)\mathrm{e}^{\pm\mathrm{j}\omega_0 t}. \tag{7-11}$$

【例 7-11】 已知 $F(\omega)=\dfrac{1}{\beta+\mathrm{j}(\omega+\omega_0)}$ $(\beta>0,\omega_0\in R)$,求 $f(t)$.

解 由式(7-11)可知

$$f(t) = \mathscr{F}^{-1}[F(\omega)] = \mathrm{e}^{-\mathrm{j}\omega_0 t} \cdot \mathscr{F}^{-1}\left[\frac{1}{\beta + \mathrm{j}\omega}\right]$$

$$= \begin{cases} \mathrm{e}^{-(\beta + \mathrm{j}\omega_0)t}, & t \geqslant 0, \\ 0, & t < 0. \end{cases}$$

【例 7-12】 证明 $\mathscr{F}[f(t)\sin\omega_0 t] = \dfrac{\mathrm{j}}{2}[F(\omega + \omega_0) - F(\omega - \omega_0)](\omega_0 \in R)$.

证 因为

$$f(t)\sin\omega_0 t = f(t)\frac{1}{2\mathrm{j}}(\mathrm{e}^{\mathrm{j}\omega_0 t} - \mathrm{e}^{-\mathrm{j}\omega_0 t})$$

$$= \frac{1}{2\mathrm{j}}f(t)\mathrm{e}^{\mathrm{j}\omega_0 t} - \frac{1}{2\mathrm{j}}f(t)\mathrm{e}^{-\mathrm{j}\omega_0 t}.$$

由位移性质可知

$$F(\omega - \omega_0) = \mathscr{F}[f(t)\mathrm{e}^{\mathrm{j}\omega_0 t}]$$

$$F(\omega + \omega_0) = \mathscr{F}[f(t)\mathrm{e}^{-\mathrm{j}\omega_0 t}]$$

故

$$\mathscr{F}[f(t)\sin\omega_0 t] = \frac{1}{2\mathrm{j}}\{\mathscr{F}[f(t)\mathrm{e}^{\mathrm{j}\omega_0 t}] - \mathscr{F}[f(t)\mathrm{e}^{-\mathrm{j}\omega_0 t}]\}$$

$$= \frac{\mathrm{j}}{2}[F(\omega + \omega_0) - F(\omega - \omega_0)].$$

类似可证

$$\mathscr{F}[f(t)\cos\omega_0 t] = \frac{1}{2}[F(\omega + \omega_0) + F(\omega - \omega_0)].$$

3. 微分性质

(1) 导函数的傅里叶变换公式

如果 $f(t)$ 在 $(-\infty, +\infty)$ 上连续或只有有限个可去间断点,且当 $|t| \to +\infty$ 时,$f(t) \to 0$,则

$$\mathscr{F}[f'(t)] = \mathrm{j}\omega\mathscr{F}[f(t)].$$

证 由傅里叶变换的定义,并利用分部积分可得

$$\mathscr{F}[f'(t)] = \int_{-\infty}^{+\infty} f'(t)\mathrm{e}^{-\mathrm{j}\omega t}\mathrm{d}t$$

$$= f(t)\mathrm{e}^{-\mathrm{j}\omega t}\Big|_{-\infty}^{+\infty} + \mathrm{j}\omega\int_{-\infty}^{+\infty} f(t)\mathrm{e}^{-\mathrm{j}\omega t}\mathrm{d}t$$

$$= \mathrm{j}\omega\mathscr{F}[f(t)].$$

它表明一个函数导数的傅里叶变换等于这个函数的傅里叶变换乘以因子 $\mathrm{j}\omega$.

推论 如果 $f^{(k)}(t)(k=1,2,3\cdots)$ 在 $(-\infty,+\infty)$ 上连续或只有有限个可去间断点,且当 $\lim\limits_{|t|\to+\infty} f^{(k)}(t)=0(k=1,2,3\cdots,n-1)$ 时, $f(t)\to 0$,则

$$\mathscr{F}[f^{(n)}(t)]=(\mathrm{j}\omega)^n\mathscr{F}[f(t)].$$

(2) 象函数的导数公式

设 $\mathscr{F}[f(t)]=F(\omega)$,则

$$\frac{\mathrm{d}}{\mathrm{d}\omega}F(\omega)=\mathscr{F}[-\mathrm{j}tf(t)],$$

或写成

$$\mathscr{F}[tf(t)]=\mathrm{j}\frac{\mathrm{d}}{\mathrm{d}\omega}F(\omega).$$

一般地,有

$$\frac{\mathrm{d}^n}{\mathrm{d}\omega^n}F(\omega)=(-\mathrm{j})^n\mathscr{F}[t^nf(t)],$$

或写成

$$\mathscr{F}[t^nf(t)]=\mathrm{j}^n\frac{\mathrm{d}^n}{\mathrm{d}\omega^n}F(\omega).$$

【例 7-13】 已知函数 $f(t)=\begin{cases} 0, & t<0, \\ \mathrm{e}^{-\beta t}, & t\geqslant 0 \end{cases}(\beta>0)$,试求 $\mathscr{F}[tf(t)]$ 和 $\mathscr{F}[t^2f(t)]$.

解 根据傅里叶变换的定义易知

$$F(\omega)=\mathscr{F}[f(t)]=\frac{1}{\beta+\mathrm{j}\omega}.$$

利用象函数的导数公式,有

$$\mathscr{F}[tf(t)]=\mathrm{j}\frac{\mathrm{d}}{\mathrm{d}\omega}F(\omega)=\frac{1}{(\beta+\mathrm{j}\omega)^2}.$$

$$\mathscr{F}[t^2f(t)]=\mathrm{j}^2\frac{\mathrm{d}^2}{\mathrm{d}\omega^2}F(\omega)=\frac{2}{(\beta+\mathrm{j}\omega)^3}.$$

4. 积分性质

当 $t\to+\infty$ 时,如果 $\int_{-\infty}^{t}f(t)\mathrm{d}t\to 0$,则

$$\mathscr{F}\left[\int_{-\infty}^{t}f(t)\mathrm{d}t\right]=\frac{1}{\mathrm{j}\omega}\mathscr{F}[f(t)].$$

证 因为

$$\frac{\mathrm{d}}{\mathrm{d}t}\int_{-\infty}^{t}f(t)\mathrm{d}t=f(t),$$

所以

$$\mathscr{F}\left[\frac{\mathrm{d}}{\mathrm{d}t}\int_{-\infty}^{t}f(t)\mathrm{d}t\right]=\mathscr{F}\left[f(t)\right],$$

又由微分性质可得

$$\mathscr{F}\left[\frac{\mathrm{d}}{\mathrm{d}t}\int_{-\infty}^{t}f(t)\mathrm{d}t\right]=\mathrm{j}\omega\mathscr{F}\left[\int_{-\infty}^{t}f(t)\mathrm{d}t\right],$$

故

$$\mathscr{F}\left[\int_{-\infty}^{t}f(t)\mathrm{d}t\right]=\frac{1}{\mathrm{j}\omega}\mathscr{F}\left[f(t)\right].$$

它表明一个函数积分后的傅里叶变换等于这个函数的傅里叶变换除以因子 $\mathrm{j}\omega$.

运用傅里叶变换的线性性质、微分性质以及积分性质,可以将线性常系数微分方程(包括积分方程和微积分方程)转化为代数方程,通过解代数方程与求傅里叶逆变换,就可以得到相应微分方程的解.另外,傅里叶变换还是求解数学物理方程的方法之一,其求解过程与解微分方程大体相似,在这里就不再举例了.

§7.6　卷　积

卷积是由含参变量的广义积分定义的函数,它与傅里叶变换有着密切联系.它的运算性质使得傅里叶变换在解决实际问题中得到更广泛的应用.

1. 卷积的概念

若已知函数 $f_1(t),f_2(t)$,则积分

$$\int_{-\infty}^{+\infty}f_1(\tau)f_2(t-\tau)\mathrm{d}\tau$$

称为函数 $f_1(t)$ 与 $f_2(t)$ 的卷积,记为 $f_1(t)*f_2(t)$,即

$$f_1(t)*f_2(t)=\int_{-\infty}^{+\infty}f_1(\tau)f_2(t-\tau)\mathrm{d}\tau.$$

【例 7-14】　若 $f_1(t)=\begin{cases}0, & t<0, \\ 1, & t\geqslant 0,\end{cases}$ $f_2(t)=\begin{cases}0, & t<0, \\ \mathrm{e}^{-\beta t}, & t\geqslant 0.\end{cases}$ 求 $f_1(t)$ 与 $f_2(t)$ 的卷积.

解　根据卷积定义,有

$$f_1(t)*f_2(t)=\int_{-\infty}^{+\infty}f_1(\tau)f_2(t-\tau)\mathrm{d}\tau.$$

为了确定 $f_1(\tau)f_2(t-\tau)\neq0$ 的区间,可以解不等式组

$$\begin{cases} f_1(\tau)\neq0 \\ f_2(\tau)\neq0 \end{cases} \Rightarrow \begin{cases} \tau\geqslant0 \\ t-\tau\geqslant0 \end{cases} 或 \begin{cases} \tau\geqslant0, \\ t\geqslant\tau. \end{cases}$$

显然只有当 $t\geqslant0$ 时,才有 $f_1(\tau)f_2(t-\tau)\neq0$. 此时,$f_1(\tau)f_2(t-\tau)\neq0$ 的区间为 $[0,t]$,故

$$f_1(t)*f_2(t)=\int_{-\infty}^{+\infty}f_1(\tau)f_2(t-\tau)\mathrm{d}\tau$$

$$=\int_0^t 1\cdot\mathrm{e}^{-(t-\tau)}\mathrm{d}\tau=1-\mathrm{e}^{-t}.$$

【例 7-15】 设 $f_1(t)=\begin{cases} 0, & t<0, \\ \mathrm{e}^{-\alpha t}, & t\geqslant0, \end{cases}$ $f_2(t)=\begin{cases} 0, & t<0, \\ \mathrm{e}^{-\beta t}, & t\geqslant0. \end{cases}$ 求 $f_1(t)$ 与 $f_2(t)$ 的卷积.

解 根据卷积定义,有

$$f_1(t)*f_2(t)=\int_{-\infty}^{+\infty}f_1(\tau)f_2(t-\tau)\mathrm{d}\tau.$$

为了确定 $f_1(\tau)f_2(t-\tau)\neq0$ 的区间,可以解不等式组

$$\begin{cases} f_1(\tau)\neq0 \\ f_2(\tau)\neq0 \end{cases} \Rightarrow \begin{cases} \tau\geqslant0 \\ t-\tau\geqslant0 \end{cases} 或 \begin{cases} \tau\geqslant0, \\ t\geqslant\tau. \end{cases}$$

可得 $f_1(\tau)f_2(t-\tau)\neq0$ 的区间为 $[0,t]$,

故

$$f_1(t)*f_2(t)=\int_{-\infty}^{+\infty}f_1(\tau)f_2(t-\tau)\mathrm{d}\tau$$

$$=\int_0^t \mathrm{e}^{-\alpha\tau}\cdot\mathrm{e}^{-\beta(t-\tau)}\mathrm{d}\tau$$

$$=\mathrm{e}^{-\beta t}\int_0^t \mathrm{e}^{-(\alpha-\beta)\tau}\mathrm{d}\tau$$

$$=\frac{\mathrm{e}^{-\alpha t}-\mathrm{e}^{-\beta t}}{\beta-\alpha}.$$

【例 7-16】 设 $f_1(t)=\begin{cases} 1-t, & 0\leqslant t\leqslant1, \\ 0, & 其他, \end{cases}$ $f_2(t)=\begin{cases} 1, & 0\leqslant t\leqslant2, \\ 0, & 其他. \end{cases}$ 求 $f_1(t)$ 与 $f_2(t)$ 的卷积.

解 为了确定 $f_1(\tau)f_2(t-\tau)\neq0$ 的区间,利用不等式

$$f_1(\tau)=\begin{cases} 0, & \tau<0, \\ 1-\tau, & 0\leqslant\tau\leqslant1, \\ 0, & \tau>1, \end{cases} \quad f_2(t-\tau)=\begin{cases} 0, & t-\tau<0, \\ 1, & 0\leqslant t-\tau\leqslant2, \\ 0, & t-\tau>2, \end{cases}$$

即

$$f_2(t-\tau)=\begin{cases}0, & t<\tau, \\ 1, & \tau \leqslant t \leqslant 2+\tau, \\ 0, & t>2+\tau.\end{cases}$$

当 $t<0$ 或 $t>3$ 时,显然有 $f_1(\tau)f_2(t-\tau)=0$;

当 $0 \leqslant t \leqslant 1$ 时,$0 \leqslant \tau \leqslant t \leqslant 1$,有 $f_1(t)*f_2(t)=\int_0^t(1-\tau)\mathrm{d}\tau=t-\dfrac{t^2}{2}$;

当 $1 < t \leqslant 2$ 时,$0 < \tau \leqslant t < 2$,有 $f_1(t)*f_2(t)=\int_0^1(1-\tau)\mathrm{d}\tau=\dfrac{1}{2}$;

当 $2 < t \leqslant 3$ 时,$t-2 \leqslant \tau \leqslant t < 3$,有 $f_1(t)*f_2(t)=\int_{t-2}^1(1-\tau)\mathrm{d}\tau=$ $\dfrac{9}{2}-3t+\dfrac{t^2}{2}$.

综上所述,

$$f_1(t)*f_2(t)=\begin{cases}0, & t\leqslant 0, t>3; \\ t-\dfrac{t^2}{2}, & 0<t\leqslant 1; \\ \dfrac{1}{2}, & 1<t\leqslant 2; \\ \dfrac{t^2}{2}-3t+\dfrac{9}{2}, & 2<t\leqslant 3.\end{cases}$$

2. 卷积的运算性质

(1) 线性性质

设 k_1,k_2 是任意常数,则有

$$[k_1f_1(t)+k_2f_2(t)]*g(t)=k_1f_1(t)*g(t)+k_2f_2(t)*g(t).$$

(2) 结合性质

$$[f_1(t)*f_2(t)]*f_3(t)=f_1(t)*[f_2(t)*f_3(t)].$$

证　$[f_1(t)*f_2(t)]*f_3(t)=\int_{-\infty}^{+\infty}\left[\int_{-\infty}^{+\infty}f_1(\xi)f_2(\tau-\xi)\mathrm{d}\xi\right]f_3(t-\tau)\mathrm{d}\tau$

$$=\int_{-\infty}^{+\infty}f_1(\xi)\left[\int_{-\infty}^{+\infty}f_2(\tau-\xi)f_3(t-\tau)\mathrm{d}\tau\right]\mathrm{d}\xi.$$

记 $g(t)=\int_{-\infty}^{+\infty}f_2(\tau)f_3(t-\tau)\mathrm{d}\tau=f_2(t)*f_3(t)$

$$[f_1(t)*f_2(t)]*f_3(t)$$

$$=\int_{-\infty}^{+\infty}f_1(\xi)g(t-\xi)\mathrm{d}\xi$$

$$=f_1(t)*g(t)$$

$$= f_1(t) * [f_2(t) * f_3(t)].$$

（3）交换性质

$$f_1(t) * f_2(t) = f_2(t) * f_1(t).$$

证　$f_1(t) * f_2(t) = \int_{-\infty}^{+\infty} f_1(\tau) f_2(t-\tau) \mathrm{d}\tau$

令 $\xi = t - \tau,$

$$\text{原式} = \int_{+\infty}^{-\infty} f_1(t-\xi) f_2(\xi) \mathrm{d}(-\xi)$$

$$= \int_{-\infty}^{+\infty} f_2(\xi) f_1(t-\xi) \mathrm{d}\xi$$

$$= f_2(t) * f_1(t).$$

3. 卷积定理

假定 $f_1(t), f_2(t)$ 都满足傅里叶积分定理中的条件，且 $\mathscr{F}[f_1(t)] = F_1(\omega), \mathscr{F}[f_2(t)] = F_2(\omega)$，则：

（1）$\mathscr{F}[f_1(t) * f_2(t)] = F_1(\omega) F_2(\omega)$，或 $\mathscr{F}^{-1}[F_1(\omega) F_2(\omega)] = f_1(t) * f_2(t).$

（2）$\mathscr{F}[f_1(t) f_2(t)] = \dfrac{1}{2\pi} F_1(\omega) * F_2(\omega)$，或 $\mathscr{F}^{-1}[F_1(\omega) * F_2(\omega)] = 2\pi f_1(t) f_2(t).$

证　（1）按傅里叶变换的定义，有

$$\mathscr{F}[f_1(t) * f_2(t)] = \int_{-\infty}^{+\infty} \left[\int_{-\infty}^{+\infty} f_1(\tau) f_2(t-\tau) \mathrm{d}\tau \right] \mathrm{e}^{-\mathrm{j}\omega t} \mathrm{d}t$$

$$= \int_{-\infty}^{+\infty} \int_{-\infty}^{+\infty} f_1(\tau) \mathrm{e}^{-\mathrm{j}\omega\tau} f_2(t-\tau) \mathrm{e}^{-\mathrm{j}\omega(t-\tau)} \mathrm{d}\tau \mathrm{d}t$$

$$= \int_{-\infty}^{+\infty} f_1(\tau) \mathrm{e}^{-\mathrm{j}\omega\tau} \left[\int_{-\infty}^{+\infty} f_2(t-\tau) \mathrm{e}^{-\mathrm{j}\omega(t-\tau)} \mathrm{d}t \right] \mathrm{d}\tau$$

$$= F_1(\omega) F_2(\omega).$$

这个定理表明，两个函数卷积的傅里叶变换等于这两个函数傅里叶变换的乘积. 同理可证 $\mathscr{F}[f_1(t) f_2(t)] = \dfrac{1}{2\pi} F_1(\omega) * F_2(\omega)$，即两个函数乘积的傅里叶变换等于这两个函数傅里叶变换的卷积除以 2π.

【例 7-17】　设 $f(t) = \mathrm{e}^{-\beta t} u(t) \cos \omega_0 t \quad (\beta > 0, \omega_0 \in R)$，求 $\mathscr{F}[f(t)]$.

解　由卷积定理可得

$$\mathscr{F}[f(t)] = \frac{1}{2\pi} \mathscr{F}[\mathrm{e}^{-\beta t} u(t)] * \mathscr{F}[\cos \omega_0 t],$$

由于

$$\mathscr{F}\left[\mathrm{e}^{-\beta t}u(t)\right]=\frac{1}{\beta+\mathrm{j}\omega},$$

$$\mathscr{F}\left[\cos\omega_0 t\right]=\pi[\delta(\omega+\omega_0)+\delta(\omega-\omega_0)],$$

因此有

$$\mathscr{F}\left[f(t)\right]=\frac{1}{2}\int_{-\infty}^{+\infty}\frac{1}{\beta+\mathrm{j}\tau}[\delta(\tau-\omega-\omega_0)+\delta(\tau-\omega+\omega_0)]\mathrm{d}\tau$$

$$=\frac{1}{2}\left[\frac{1}{\beta+\mathrm{j}(\omega+\omega_0)}+\frac{1}{\beta+\mathrm{j}(\omega-\omega_0)}\right]=\frac{\beta+\mathrm{j}\omega}{(\beta+\mathrm{j}\omega)^2+\omega_0^2}.$$

习　　题

1. 求函数 $f(t)=\begin{cases}1-t^2, & |t|\leqslant 1\\ 0, & |t|>1\end{cases}$ 的傅里叶积分.

2. 求以下函数的傅里叶变换:

(1) $g(t)=\mathrm{e}^{\mathrm{j}\omega_0 t}*t*f(t)$, 其中 $f(t)=\begin{cases}0, & t<0\\ \mathrm{e}^{-\beta t}, & t\geqslant 0\end{cases}$ $(\beta>0)$;

(2) $h(t)=\sin(2t+\dfrac{\pi}{6})$.

3. 已知 $F[f(t)]=F(\omega)$, 利用傅里叶变换的性质求以下函数的傅里叶变换:

(1) $f(-t)$;

(2) $t*f(t-t_0)$;

(3) $f'(t)+f(t)\cos\omega_0 t$.

4. 求下列函数的逆变换:

(1) $\mathrm{j}\pi[\delta(\omega+1)-\delta(\omega-1)]$;

(2) $\dfrac{1}{\mathrm{j}\omega}\mathrm{e}^{-\mathrm{j}\omega}+\pi\delta(\omega)$.

5. 设 $u(t)=\begin{cases}0, & t<0\\ 1, & t\geqslant 0\end{cases}$, $f(t)=\begin{cases}0, & t<0\\ \mathrm{e}^{-t}, & t\geqslant 0\end{cases}$, 求 $u(t)*f(t)$.

第8章 拉普拉斯变换

拉普拉斯(Laplace)变换在工程技术中有着十分广泛的应用. 由于它对原函数 $f(t)$ 要求的条件比傅里叶变换的条件更弱,因此它比傅里叶变换的适用面更广. 本章首先从傅里叶变换的定义出发,导出拉普拉斯变换的定义,并给出一些基本性质;然后,给出其逆变换的表达式——复反演积分公式;最后,给出拉普拉斯变换的一些应用.

§8.1 拉普拉斯变换的概念

傅里叶变换要求函数在 $(-\infty,+\infty)$ 上有定义,在任一有限区间上满足狄利克雷条件,并要求 $\int_{-\infty}^{+\infty}|f(t)|\mathrm{d}t$ 存在.由第7章可知,这是比较苛刻的条件,一些常用的函数,如 $\sin t,\cos t$ 等均不满足这些条件. 另外,在实际应用中,许多以时间为变量的函数,往往当 $t<0$ 时没有意义.这就限制了傅里叶变换的应用.

为此,考虑当 $t\to+\infty$ 时,衰减速度很快的函数,也就是指数函数
$$\mathrm{e}^{-\beta t},(\beta>0).$$
于是有
$$\mathscr{F}_1[f(t)\mathrm{e}^{-\beta t}]=\mathscr{F}[\varphi(t)u(t)\mathrm{e}^{-\beta t}]=\int_0^{+\infty}f(t)\mathrm{e}^{-\beta t}\mathrm{e}^{-\mathrm{j}\omega t}\mathrm{d}t=\int_0^{+\infty}f(t)\mathrm{e}^{-(\beta+\mathrm{j}\omega)t}\mathrm{d}t$$
$$=\int_0^{+\infty}f(t)\mathrm{e}^{-st}\mathrm{d}t \quad (s=\beta+\mathrm{j}\omega).$$
上式即可简写为
$$F(s)=\int_0^{+\infty}f(t)\mathrm{e}^{-st}\mathrm{d}t.$$

这是由实函数 $f(t)$ 通过一种新的变换得到的复变函数,这种变换就是拉普拉斯变换.

定义 8.1 设实函数 $f(t)$ 在 $t\geqslant 0$ 上有定义,且积分 $F(s)=\int_0^{+\infty}f(t)\mathrm{e}^{-st}\mathrm{d}t,(s$ 为复参变量) 对复平面上某一范围 s 收敛,则由这个积分所确

定的函数

$$F(s) = \int_0^{+\infty} f(t) \mathrm{e}^{-st} \mathrm{d}t$$

称为函数 $f(t)$ 的拉普拉斯变换,简称拉氏变换(或称为象函数),记为 $F(s) = \mathscr{L}[f(t)]$. 而 $f(t)$ 称为 $F(s)$ 的拉氏逆变换(或称为原函数),记为 $f(t) = \mathscr{L}^{-1}[F(s)]$,也可记为 $f(t) \leftrightarrow F(s)$.

【例 8-1】 求常函数 $f(t)=1$ 的拉氏变换.

解 根据定义有

$$\mathscr{L}[f(t)] = \int_0^{+\infty} \mathrm{e}^{-st} \mathrm{d}t = \frac{1}{s}, \mathrm{Re}\ s > 0.$$

【例 8-2】 求函数 $f(t)=t$ 的拉氏变换.

解 在 $\mathrm{Re}\ s > 0$ 的半平面上,有

$$\int_0^{+\infty} t \mathrm{e}^{-st} \mathrm{d}t = -\frac{1}{s}[t\mathrm{e}^{-st}]_0^{+\infty} + \frac{1}{s}\int_0^{+\infty} \mathrm{e}^{-st} \mathrm{d}t$$

$$= \frac{1}{s}\int_0^{+\infty} \mathrm{e}^{-st} \mathrm{d}t = \frac{1}{s^2},$$

则

$$\mathscr{L}[t] = \frac{1}{s^2}, \quad (\mathrm{Re}\ s > 0).$$

同理有

$$\mathscr{L}[t^n] = \frac{n!}{s^{n+1}}, \quad (\mathrm{Re}\ s > 0).$$

【例 8-3】 求指数函数 $f(t) = \mathrm{e}^{kt}$ 的拉氏变换(k 为实数).

解 根据拉氏变换的定义,有

$$\mathscr{L}[f(t)] = \int_0^{+\infty} \mathrm{e}^{kt} \mathrm{e}^{-st} \mathrm{d}t = \int_0^{+\infty} \mathrm{e}^{-(s-k)t} \mathrm{d}t,$$

这个积分在 $\mathrm{Re}\ s > k$ 收敛,而且有

$$\int_0^{+\infty} \mathrm{e}^{-(s-k)t} \mathrm{d}t = -\frac{1}{s-k} \mathrm{e}^{-(s-k)t} \Big|_0^{+\infty} = \frac{1}{s-k}.$$

因此,$\mathscr{L}[\mathrm{e}^{kt}] = \dfrac{1}{s-k}, \mathrm{Re}\ s > k.$

事实上,当 k 为复数时,上式也成立,只是收敛区域为 $\mathrm{Re}\ s > \mathrm{Re}\ k.$

【例 8-4】 求单位阶跃函数 $u(t) = \begin{cases} 0, & t<0 \\ 1, & t>0 \end{cases}$ 的拉氏变换.

解 根据拉氏变换的定义,有

$$\mathscr{L}[u(t)] = \int_0^{+\infty} \mathrm{e}^{-st} \mathrm{d}t,$$

这个积分在 Re $s>0$ 收敛,而且有

$$\int_0^{+\infty} e^{-st} dt = -\frac{1}{s} e^{-st} \Big|_0^{+\infty} = \frac{1}{s}.$$

因此,$\mathscr{L}[u(t)] = \frac{1}{s}$,Re $s>0$.

定理 8.1 拉氏变换存在定理 若函数 $f(t)$ 满足下述条件:

(1) 当 $t \geqslant 0$ 时,$f(t)$ 在任一有限区间上分段连续;

(2) 当 $t \to +\infty$ 时,$f(t)$ 的增长速度不超过某一指数函数,即存在常数 $M>0$ 及 $c \geqslant 0$,使得

$$|f(t)| \leqslant Me^{ct}, (0 \leqslant t < +\infty),$$

则 $f(t)$ 的拉氏变换

$$F(s) = \int_0^{+\infty} f(t) e^{-st} dt$$

在半平面 Re $s>c$ 上存在且解析,右端积分在 Re$s \geqslant c_1 > c$ 上绝对收敛且一致收敛.

在积分 $\int_0^{+\infty} f(t) e^{-st} dt$ 内对 s 求导,则 $\int_0^{+\infty} \frac{d}{ds}[f(t) e^{-st}] dt = \int_0^{+\infty} -tf(t) e^{-st} dt$.

因为 $s = \beta + j\omega$,则 $|-tf(t)e^{-st}| \leqslant Mte^{-(\beta-c)t} \leqslant Mte^{-\varepsilon t}(0 < \varepsilon < \beta - c)$,则

$$\int_0^{+\infty} \left| \frac{d}{ds}[f(t)e^{-st}] \right| dt \leqslant \int_0^{+\infty} Mte^{-\varepsilon t} dt = \frac{M}{\varepsilon^2}.$$

由此可见,上式右端的积分在半平面 Re $s \geqslant c_1 > c$ 内也是绝对收敛且一致收敛的,从而微分与积分可以交换. 因此

$$\frac{d}{ds}F(s) = \frac{d}{ds} \int_0^{+\infty} f(t) e^{-st} dt$$

$$= \int_0^{+\infty} \frac{d}{ds}[f(t) e^{-st}] dt$$

$$= \int_0^{+\infty} -tf(t) e^{-st} dt = \mathscr{L}[-tf(t)].$$

这就表明,$F(s)$ 在 Re $s>c$ 内是可微的. 根据复变函数的解析函数理论可知,$F(s)$ 在 Re $s>c$ 内是解析的.

§8.2 拉普拉斯变换的基本性质

1. 线性性质

若 $f_1(t)$ 和 $f_2(t)$ 是两个任意的函数,其拉氏变换分别为 $F_1(s)$ 和 $F_2(s)$,

α 和 β 是两个任意常数,则有

$$\mathscr{L}[\alpha f_1(t) \pm \beta f_2(t)] = \alpha \mathscr{L}[f_1(t)] \pm \beta \mathscr{L}[f_2(t)] = \alpha F_1(s) \pm \beta F_2(s).$$

根据拉氏变换的定义易证.

【例 8-8】　求 $\sin kt$ 的拉氏变换.

解　由于 $\sin kt = \dfrac{\mathrm{e}^{\mathrm{j}kt} - \mathrm{e}^{-\mathrm{j}kt}}{2\mathrm{j}}$,则

$$\mathscr{L}[\sin kt] = \frac{1}{2\mathrm{j}}(\mathscr{L}[\mathrm{e}^{\mathrm{j}kt}] - \mathscr{L}[\mathrm{e}^{-\mathrm{j}kt}])$$

$$= \frac{1}{2\mathrm{j}}\left(\frac{1}{s-\mathrm{j}k} - \frac{1}{s+\mathrm{j}k}\right) = \frac{k}{s^2+k^2}.$$

2. 时域导数性质(微分性质)

设 $f(t)$ 及其各阶导数在 $[0, +\infty)$ 上连续,则有

$$\mathscr{L}[f'(t)] = sF(s) - f(0), \ \mathrm{Re}\, s > c.$$

证　根据分部积分公式和拉氏变换公式

$$\mathscr{L}[f'(t)] = \int_0^{+\infty} f'(t)\mathrm{e}^{-st}\mathrm{d}t$$

$$= f(t)\mathrm{e}^{-st}\Big|_0^{+\infty} + s\int_0^{+\infty} f(t)\mathrm{e}^{-st}\mathrm{d}t$$

$$= sF(s) - f(0),$$

即

$$\mathscr{L}[f'(t)] = sF(s) - f(0), \mathrm{Re}\, s > c.$$

推论　通过递推,可得到

$$\mathscr{L}[f^{(n)}(t)] = s^n F(s) - s^{(n-1)}f(0) - s^{(n-2)}f'(0) - \cdots - sf^{(n-2)}(0) - f^{(n-1)}(0).$$

特别,当初值 $f(0) = f'(0) = \cdots = f^{(n-1)}(0) = 0$ 时,有

$$\mathscr{L}[f^{(n)}(t)] = s^n F(s).$$

此性质可以将 $f(t)$ 的微分方程转化为 $F(s)$ 的代数方程.

【例 8-9】　应用时域导数性质求 $f(t) = \cos kt$ 的拉氏变换.

解　由于 $f(0) = 1, f'(0) = 0, f''(t) = -k^2\cos kt$,则

$$\mathscr{L}[-k^2\cos kt] = \mathscr{L}[f''(t)] = s^2\mathscr{L}[f(t)] - sf(0) - f'(0),$$

移项化简得

$$\mathscr{L}[\cos kt] = \frac{s}{s^2+k^2}, \mathrm{Re}\, s > c.$$

此外,由拉氏变换存在定理,还可以得到象函数的微分性质.

若 $\mathscr{L}[f(t)] = F(s)$,则当 $\mathrm{Re}\, s > c$ 时,有

$$F'(s) = \mathscr{L}[-tf(t)],$$
$$F^{(n)}(s) = \mathscr{L}[(-t)^n f(t)].$$

这是因为对于一致绝对收敛的积分,积分和求导可以调换次序.

【例 8-10】 求函数 $f(t) = t\sin kt$ 的拉氏变换.

解 由于 $\mathscr{L}[\sin kt] = \dfrac{k}{s^2+k^2}$,根据上述微分性质可知

$$\mathscr{L}[t\sin kt] = -\frac{d}{ds}\left[\frac{k}{s^2+k^2}\right] = \frac{2ks}{(s^2+k^2)^2}.$$

同理可得

$$\mathscr{L}[t\cos kt] = -\frac{d}{ds}\left[\frac{s}{s^2+k^2}\right]$$
$$= \frac{2s^2}{(s^2+k^2)^2} - \frac{1}{s^2+k^2} = \frac{2s^2-s^2-k^2}{(s^2+k^2)^2} = \frac{s^2-k^2}{(s^2+k^2)^2}.$$

3. 时域积分性质(积分性质)

若 $\mathscr{L}[f(t)] = F(s)$,$\int_0^t f(t)dt$ 的拉氏变换存在,则 $\mathscr{L}\left[\int_0^t f(t)dt\right] = \dfrac{1}{s}F(s)$.

证 设 $h(t) = \int_0^t f(t)dt$,则有 $h'(t) = f(t)$,且 $h(0) = 0$. 由上述微分性质可知

$$\mathscr{L}[h'(t)] = s\mathscr{L}[h(t)] - h(0) = s\mathscr{L}[h(t)],$$

即

$$\mathscr{L}\left[\int_0^t f(t)dt\right] = \frac{1}{s}\mathscr{L}[f(t)] = \frac{1}{s}F(s).$$

重复应用上面的公式可得以下推论.

推论 $\mathscr{L}\{\underbrace{\int_0^t dt \int_0^t dt \cdots \int_0^t f(t)dt}_{n次}\} = \dfrac{1}{s^n}F(s).$

由拉氏变换存在定理,还可得象函数积分性质.
若 $\mathscr{L}[f(t)] = F(s)$,则

$$\int_s^\infty F(s)ds = \int_s^\infty \int_0^{+\infty} f(t)e^{-st}dtds$$
$$= \int_0^{+\infty} f(t)\left(\frac{-1}{t}e^{-st}\Big|_s^\infty\right)dt = \int_0^{+\infty} \frac{f(t)}{t}e^{-st}dt$$
$$= \mathscr{L}\left[\frac{f(t)}{t}\right],$$

即

$$\mathscr{L}\left[\frac{f(t)}{t}\right]=\int_s^\infty F(s)\mathrm{d}s.$$

一般地,有

$$\mathscr{L}\left[\frac{f(t)}{t^n}\right]=\underbrace{\int_s^\infty \mathrm{d}s\int_s^\infty \mathrm{d}s\cdots\int_s^\infty}_{n次} F(s)\mathrm{d}s.$$

【例 8-11】　求幂函数 $f(t)=t^n$(n 为正整数)的拉氏变换.

解　因为 $t=\int_0^t 1\mathrm{d}x,t^2=\int_0^t 2x\mathrm{d}x,t^3=\int_0^t 3x^2\mathrm{d}x,\cdots,t^n=\int_0^t nx^{n-1}\mathrm{d}x$,所以

$$\mathscr{L}[t]=\mathscr{L}\left[\int_0^t 1\mathrm{d}x\right]=\frac{1}{s}\mathscr{L}[1]=\frac{1}{s^2},$$

$$\mathscr{L}[t^2]=\mathscr{L}\left[\int_0^t 2x\mathrm{d}x\right]=\frac{2}{s}\mathscr{L}[t]=\frac{2}{s^3},$$

$$\mathscr{L}[t^3]=\mathscr{L}\left[\int_0^t 3x^2\mathrm{d}x\right]=\frac{3}{s}\mathscr{L}[t^2]=\frac{3!}{s^4},$$

$$\cdots$$

$$\mathscr{L}[t^n]=\mathscr{L}\left[\int_0^t nx^{n-1}\mathrm{d}x\right]=\frac{n}{s}\mathscr{L}[t^{n-1}]=\frac{n!}{s^{n+1}}.$$

【例 8-12】　求函数 $f(t)=\dfrac{\sinh t}{t}$ 的拉氏变换.$\left(\sinh t=\dfrac{\mathrm{e}^t-\mathrm{e}^{-t}}{2}\right)$

解　因为 $\mathscr{L}[\sinh t]=\dfrac{1}{s^2-1}$,根据积分性质有

$$\mathscr{L}\left[\frac{\sinh t}{t}\right]=\int_s^\infty \frac{1}{s^2-1}\mathrm{d}s$$

$$=\int_s^\infty \frac{1}{2}\left[\frac{1}{s-1}-\frac{1}{s+1}\right]\mathrm{d}s=\frac{1}{2}\ln\frac{s-1}{s+1}\bigg|_s^\infty$$

$$=\frac{1}{2}\ln\frac{s+1}{s-1}.$$

如果积分 $\int_0^{+\infty}\dfrac{f(t)}{t}\mathrm{d}t$ 存在,则在公式 $\mathscr{L}\left[\dfrac{f(t)}{t}\right]=\int_s^\infty F(s)\mathrm{d}s$ 中取 $s=0$,得 $\int_0^{+\infty}\dfrac{f(t)}{t}\mathrm{d}t=\int_0^\infty F(s)\mathrm{d}s.$ 此公式常用来计算某些积分. 例如,$\mathscr{L}[\sin t]=\dfrac{1}{s^2+1}$,则有 $\int_0^{+\infty}\dfrac{\sin t}{t}\mathrm{d}t=\int_0^\infty \dfrac{1}{s^2+1}\mathrm{d}s=\arctan s\bigg|_0^\infty=\dfrac{\pi}{2}.$

4. 位移性质

若 $\mathscr{L}[f(t)]=F(s)$,则 $\mathscr{L}[\mathrm{e}^{at}f(t)]=F(s-a),\mathrm{Re}(s-a)>c.$

证　根据拉氏变换式,有

$$\mathscr{L}\left[e^{at}f(t)\right]=\int_0^{+\infty}e^{at}f(t)e^{-st}dt$$

$$=\int_0^{+\infty}f(t)e^{-(s-a)t}dt,$$

即

$$\mathscr{L}\left[e^{at}f(t)\right]=F(s-a),\operatorname{Re}(s-a)>c.$$

【例 8-13】　求 $\mathscr{L}\left[e^{at}\sin kt\right](k\in R)$.

解　由 $\mathscr{L}\left[\sin kt\right]=\dfrac{k}{s^2+k^2}$,则

$$\mathscr{L}\left[e^{at}\sin kt\right]=\frac{k}{(s-a)^2+k^2}.$$

5. 延迟性质

若 $\mathscr{L}\left[f(t)\right]=F(s)$,又当 $t<0$ 时,$f(t)=0$,则对于任一非负数 $\tau\geq0$,有 $\mathscr{L}\left[f(t-\tau)\right]=e^{-s\tau}F(s)$.

证　$$\mathscr{L}\left[f(t-\tau)\right]=\int_0^{+\infty}f(t-\tau)e^{-st}dt$$

$$=\int_0^{\tau}f(t-\tau)e^{-st}dt+\int_{\tau}^{+\infty}f(t-\tau)e^{-st}dt.$$

令 $t-\tau=u,t=u+\tau,dt=du$,则

$$\mathscr{L}\left[f(t-\tau)\right]=\int_0^{+\infty}f(u)e^{-s(u+\tau)}du$$

$$=e^{-s\tau}\int_0^{+\infty}f(u)e^{-su}du=e^{-s\tau}F(s)\quad(\operatorname{Re}s>c).$$

函数 $f(t-\tau)$ 与 $f(t)$ 相比,$f(t)$ 从 $t=0$ 开始有非零数值. 而 $f(t-\tau)$ 是从 $t=\tau$ 开始才有非零数值,即延迟了一个时间 τ. 从它的图像来看,$f(t-\tau)$ 是由 $f(t)$ 沿 t 轴向右平移 τ 而得,其拉氏变换也多一个因子 $e^{-s\tau}$.

【例 8-14】　求函数 $u(t-\tau)=\begin{cases}0,&t<\tau\\1,&t>\tau\end{cases}$ 的拉氏变换.

解　已知 $\mathscr{L}\left[u(t)\right]=\dfrac{1}{s}$,由延迟性质,有

$$\mathscr{L}\left[u(t-\tau)\right]=\frac{1}{s}e^{-s\tau}.$$

前面,已经学习过傅里叶变换和拉普拉斯变换,而且这两种积分变换之间的联系也已经深入的探讨和学习过,知道以下的关系

$$\mathscr{F}\left[f(t)u(t)e^{-\beta t}\right]=\mathscr{L}\left[f(t)\right].$$

从而,在计算一些基本初等函数拉普拉斯变换的时候,首先就是通过傅里叶变换来得到其象函数.比如,

$$\mathscr{F}\left[\sin w_0 t u(t) e^{-\beta t}\right] = \frac{w_0}{(\beta + jw)^2 + w_0^2},$$

可以得到

$$\mathscr{L}\left[\sin w_0 t\right] = \frac{w_0}{s^2 + w_0^2}.$$

这些结果充分显示了傅里叶变换与拉普拉斯变换之间的紧密联系.但是在很多教材的后续内容中,对这种联系却没有进一步的说明,特别在证明拉普拉斯变换性质的时候,与傅里叶变换没有产生一些必要的联系.于是对同学们的学习产生了一个误区,认为学习傅里叶变换的目的只是为了引入拉普拉斯变换.本节在这方面进行了探讨,即用傅里叶变换证明拉普拉斯变换的性质来说明这一关系,从而抛开了许多教科书上原有的证明,从而可以拓展知识面,加深对理论的理解和熟练应用.我们知道,在傅里叶变换中已经证明了很多的性质,其中最重要的就是微分性质和位移性质,下面从这两个性质为例,为了叙述的完整性,将再次列出傅里叶的微分性质.

引理 1　如果函数 $f(t)$ 在 $(-\infty, +\infty)$ 上连续或只有有限个可去间断点,且当 $|t| \to +\infty$ 时,$f(t) \to 0$,则 $\mathscr{F}\left[f'(t)\right] = jw\mathscr{F}\left[f(t)\right]$.

引理 2　$\mathscr{F}\left[f(t - t_0)\right] = e^{-jw t_0}\mathscr{F}\left[f(t)\right]$.

定理 1　若 $\mathscr{L}\left[f(t)\right] = F(s)$,则有 $\mathscr{L}\left[f'(t)\right] = s\mathscr{L}\left[f(t)\right] - f(0)$.

证　既然 $f(t)$ 的拉普拉斯变换存在,显然 $f(t)u(t)e^{-\beta t}$ 满足傅里叶微分性质的要求,特别是 $\lim\limits_{|t| \to +\infty} f(t) = 0$ 的要求,从而根据引理 1,有

$$\mathscr{F}\left[(f(t)u(t)e^{-\beta t})'\right] = jw\mathscr{F}\left[f(t)u(t)e^{-\beta t}\right] = jw\mathscr{L}\left[f(t)\right]$$

由于

$$(f(t)u(t)e^{-\beta t})' = f'(t)u(t)e^{-\beta t} + f(t)u'(t)e^{-\beta t} + f(t)u(t)(e^{-\beta t})'$$
$$= f'(t)u(t)e^{-\beta t} + f(t)\delta(t)e^{-\beta t} - \beta f(t)u(t)e^{-\beta t}$$

于是

$$\mathscr{F}\left[(f(t)u(t)e^{-\beta t})'\right] = \mathscr{F}\left[f'(t)u(t)e^{-\beta t}\right] + \mathscr{F}\left[f(t)\delta(t)e^{-\beta t}\right] - \beta\mathscr{F}\left[f(t)u(t)e^{-\beta t}\right]$$

利用 $\mathscr{F}\left[f(t)u(t)e^{-\beta t}\right] = \mathscr{L}\left[f(t)\right]$,可得

$$\mathscr{L}\left[f'(t)\right] + \mathscr{F}\left[f(t)\delta(t)e^{-\beta t}\right] - \beta\mathscr{L}\left[f(t)\right] = jw\mathscr{L}\left[f(t)\right]$$

即

$$\mathscr{L}\left[f'(t)\right] + \mathscr{F}\left[f(t)\delta(t)e^{-\beta t}\right] = (\beta + jw)\mathscr{L}\left[f(t)\right]$$

从而,利用单位脉冲函数的筛选性质,可得

$$\mathscr{L}\left[f'(t)\right]=(\beta+\mathrm{j}\omega)\mathscr{L}\left[f(t)\right]-f(0)$$

即 $\mathscr{L}\left[f'(t)\right]=s\mathscr{L}\left[f(t)\right]-f(0)$.

定理 2 若 $\mathscr{L}\left[f(t)\right]=\mathscr{F}(s)$,又 $t<0$ 时 $f(t)=0$,则对于任一非负实数 τ,有 $\mathscr{L}\left[f(t-\tau)\right]=\mathrm{e}^{-\tau s}\mathscr{L}\left[f(t)\right]$.

证 根据引理 2,有

$$\mathscr{F}\left[f(t-\tau)u(t-\tau)\mathrm{e}^{-\beta(t-\tau)}\right]=\mathrm{e}^{-\mathrm{j}\omega\tau}F\left[f(t)u(t)\mathrm{e}^{-\beta t}\right]$$,由于 τ 是非负实数,

所以 $u(t-\tau)u(t)=u(t-\tau)$,从而

$$\mathscr{F}\left[f(t-\tau)u(t-\tau)u(t)\mathrm{e}^{-\beta t}\right]=\mathrm{e}^{-\beta\tau}\mathrm{e}^{-\mathrm{j}\omega\tau}\mathscr{F}\left[f(t)u(t)\mathrm{e}^{-\beta t}\right]$$,即

$$\mathscr{L}\left[f(t-\tau)u(t-\tau)\right]=\mathrm{e}^{-s\tau}\mathscr{L}\left[f(t)\right]$$,又由于 $t<0$ 时 $f(t)=0$,所以

$\mathscr{L}\left[f(t-\tau)u(t-\tau)\right]=\mathscr{L}\left[f(t-\tau)\right]$,从而

$$\mathscr{L}\left[f(t-\tau)\right]=\mathrm{e}^{-\tau s}\mathscr{L}\left[f(t)\right].$$

从上面的证明过程可以看出下面的结果,

推论 1 若 $\mathscr{L}\left[f(t)\right]=F(s)$,则对于任一非负实数 τ,有

$$\mathscr{L}\left[f(t-\tau)u(t-\tau)\right]=\mathrm{e}^{-s\tau}\mathscr{L}\left[f(t)\right]=\mathrm{e}^{-s\tau}F(s).$$

这个结果取消了当 $t<0$ 时 $f(t)=0$ 的限制,改进了已有的结果,它在求解拉普拉斯逆变换时非常有用.

§8.3 拉普拉斯逆变换

在实际应用中常会碰到一类问题,即已知象函数 $F(s)$,如何求象原函数 $f(t)$.

由拉氏变换概念可知,函数 $f(t)$ 的拉氏变换,实际上就是函数 $f(t)u(t)\mathrm{e}^{-\beta t}$ 的傅里叶变换.因此,按傅里叶积分公式,在 $f(t)$ 的连续点有

$$f(t)u(t)\mathrm{e}^{-\beta t}=\frac{1}{2\pi}\int_{-\infty}^{+\infty}\left[\int_{-\infty}^{+\infty}f(\tau)u(\tau)\mathrm{e}^{-\beta\tau}\mathrm{e}^{-\mathrm{j}\omega\tau}\mathrm{d}\tau\right]\mathrm{e}^{\mathrm{j}\omega t}\mathrm{d}\omega$$

$$=\frac{1}{2\pi}\int_{-\infty}^{+\infty}\mathrm{e}^{\mathrm{j}\omega t}\mathrm{d}\omega\left[\int_{0}^{+\infty}f(\tau)\mathrm{e}^{-(\beta+\mathrm{j}\omega)\tau}\mathrm{d}\tau\right]$$

$$=\frac{1}{2\pi}\int_{-\infty}^{+\infty}F(\beta+\mathrm{j}\omega)\mathrm{e}^{\mathrm{j}\omega t}\mathrm{d}\omega,t>0.$$

等式两边同乘以 $\mathrm{e}^{\beta t}$,则

$$f(t)=\frac{1}{2\pi}\int_{-\infty}^{+\infty}F(\beta+\mathrm{j}\omega)\mathrm{e}^{(\beta+\mathrm{j}\omega)t}\mathrm{d}\omega,t>0.$$

令 $\beta+\mathrm{j}\omega=s$,则

$$f(t)=\frac{1}{2\pi\mathrm{j}}\int_{\beta-\mathrm{j}\infty}^{\beta+\mathrm{j}\infty}F(s)\mathrm{e}^{st}\mathrm{d}s,t>0.$$

右端的积分称为拉氏反演积分,它的积分路线是沿着虚轴的方向从虚部的负无穷积分到虚部的正无穷.而积分路线中的实部 β 则有一些随意,但必须满足的条件是 $f(t)u(t)\mathrm{e}^{-\beta t}$ 从 0 到正无穷的积分必须收敛.

定义 8.2　设 $f(t)$ 的拉氏变换存在,记 $\mathscr{F}[f(t)]=F(s)$,则积分

$$f(t)=\frac{1}{2\pi\mathrm{j}}\int_{\beta-\mathrm{j}\infty}^{\beta+\mathrm{j}\infty}F(s)\mathrm{e}^{st}\mathrm{d}s,\quad(t>0,\beta\text{ 为 }s\text{ 的实部})$$

为拉普拉斯变换的反演公式(或者称为拉普拉斯变换的逆变换),也称为黎曼-梅林反演公式.

注:由定义及拉普拉斯变换的性质可得拉氏变换的逆变换是唯一的.

计算复变函数的积分通常比较困难,利用留数求此类积分是一种比较常用的方法.

定理 8.2　若 $s_1,s_2,\cdots,s_n$ 是函数 $F(s)$ 的所有奇点(适当选取 β 使这些奇点全在 $\mathrm{Re}\ s<\beta$ 的范围内),且当 $s\to\infty$ 时,$F(s)\to0$,则有

$$\frac{1}{2\pi\mathrm{j}}\int_{\beta-\mathrm{j}\infty}^{\beta+\mathrm{j}\infty}F(s)\mathrm{e}^{st}\mathrm{d}s=\sum_{k=1}^{n}\underset{s=s_k}{\mathrm{Re}\ s}\left[F(s)\mathrm{e}^{st}\right]$$

即

$$f(t)=\sum_{k=1}^{n}\underset{s=s_k}{\mathrm{Re}\ s}\left[F(s)\mathrm{e}^{st}\right],t>0.$$

【例 8-16】　已知 $F(s)=\dfrac{k}{s^2+k^2}$,求 $\mathscr{L}^{-1}[F(s)]$.

解　容易求出 $A(s)=k,B(s)=s^2+k^2=(s+\mathrm{j}k)(s-\mathrm{j}k)$,且 $-\mathrm{j}k$ 和 $\mathrm{j}k$ 为 $B(s)$ 的两个单零点,则

$$B'(s)=2s,$$

$$f(t)=\frac{A(\mathrm{j}k)}{B'(\mathrm{j}k)}\mathrm{e}^{\mathrm{j}kt}+\frac{A(-\mathrm{j}k)}{B'(-\mathrm{j}k)}\mathrm{e}^{-\mathrm{j}kt}$$

$$=\frac{k}{2\mathrm{j}k}\mathrm{e}^{\mathrm{j}kt}+\frac{k}{-2\mathrm{j}k}\mathrm{e}^{-\mathrm{j}kt}=\sin kt,t>0.$$

【例 8-17】　求 $F(s)=\dfrac{1}{s(s-1)^2}$ 的逆变换.

解　容易求出 $A(s)=1,B(s)=s(s-1)^2$,且 $s=0$ 为 $B(s)$ 的单零点和 $s=1$ 为 $B(s)$ 的二阶零点,则

$$f(t)=\frac{1}{(s-1)^2}\mathrm{e}^{st}\Bigg|_{s=0}+\lim_{s\to1}\frac{\mathrm{d}}{\mathrm{d}s}\left[\frac{1}{s}\mathrm{e}^{st}\right]$$

$$=1+\lim_{s\to1}\left(\frac{t}{s}\mathrm{e}^{st}-\frac{1}{s^2}\mathrm{e}^{st}\right)$$

$$=1+(t\mathrm{e}^t-\mathrm{e}^t)=1+\mathrm{e}^t(t-1),t>0.$$

此外,还可以用拉氏变换的常见结果及性质来求解拉氏逆变换.

【例 8-18】 求 $F(s) = \dfrac{1}{s^2(s+1)}$ 的逆变换.

解 易知 $\dfrac{1}{s^2(s+1)} = \dfrac{1}{s^2} + \dfrac{B}{s} + \dfrac{C}{s+1}$,则

$$F(s) = \frac{1}{s^2(s+1)} = \frac{1}{s^2} + \frac{-1}{s} + \frac{1}{s+1},$$

由拉氏逆变换的线性性质可知

$$f(t) = \mathscr{L}^{-1}\left[\frac{1}{s^2(s+1)}\right] = t - 1 + e^{-t} \quad (t > 0).$$

§8.4 卷 积

定义 8.3 两个函数的卷积是指

$$f_1(t) * f_2(t) = \int_0^t f_1(\tau) f_2(t-\tau) \,\mathrm{d}\tau.$$

卷积的基本性质如下:

(1) $|f_1(t) * f_2(t)| \leqslant |f_1(t)| * |f_2(t)|$;

(2) 交换律,$f_1(t) * f_2(t) = f_2(t) * f_1(t)$;

(3) 结合律,$f_1(t) * [f_2(t) * f_3(t)] = [f_1(t) * f_2(t)] * f_3(t)$;

(4) 分配律,$f_1(t) * [f_2(t) + f_3(t)] = f_1(t) * f_2(t) + f_1(t) * f_3(t)$.

【例 8-19】 求卷积 $t * e^{at}$.

解
$$t * e^{at} = \int_0^t \tau e^{a(t-\tau)} \,\mathrm{d}\tau = e^{at} \int_0^t \tau e^{-a\tau} \,\mathrm{d}\tau$$

$$= -\frac{1}{a} e^{at} \int_0^t \tau \mathrm{d}e^{-a\tau} = \frac{-e^{at}}{a}\left[\tau e^{-a\tau}\,\Big|_0^t - \int_0^t e^{-a\tau} \,\mathrm{d}\tau\right]$$

$$= \frac{-e^{at}}{a}\left[te^{-at} + \frac{1}{a} e^{-a\tau}\,\Big|_0^t\right]$$

$$= \frac{-e^{at}}{a}\left[te^{-at} + \frac{1}{a}(e^{-at} - 1)\right]$$

$$= -\frac{t}{a} + \frac{1}{a^2}(e^{at} - 1).$$

【例 8-20】 求 $t * \sin t$.

解 由 $t * e^{at} = -\dfrac{t}{a} + \dfrac{1}{a^2}(e^{at} - 1)$,则

$$t * \sin t = t * \frac{e^{jt} - e^{-jt}}{2j} = \frac{1}{2j}(t * e^{jt} - t * e^{-jt})$$

$$= \frac{1}{2j}\left[-\frac{t}{j}+\frac{1}{j^2}(e^{jt}-1)+\frac{t}{-j}-\frac{1}{(-j)^2}(e^{-jt}-1)\right]$$

$$= \frac{1}{2j}\left[-\frac{2t}{j}+\frac{e^{jt}-e^{-jt}}{j^2}\right]=t-\sin t.$$

定理 8.3　卷积定理　假定 $f_1(t),f_2(t)$ 满足拉氏变换存在定理中的条件，且 $\mathscr{L}[f_1(t)]=F_1(s),\mathscr{L}[f_2(t)]=F_2(s)$，则 $f_1(t)*f_2(t)$ 的拉氏变换一定存在，且 $\mathscr{L}[f_1(t)*f_2(t)]=F_1(s)F_2(s)$ 或 $\mathscr{L}^{-1}[F_1(s)F_2(s)]=f_1(t)*f_2(t)$.

证　
$$\mathscr{L}[f_1(t)*f_2(t)]=\int_0^{+\infty}[f_1(t)*f_2(t)]e^{-st}dt$$
$$=\int_0^{+\infty}\left[\int_0^t f_1(\tau)f_2(t-\tau)d\tau\right]e^{-st}dt.$$

由于二重积分绝对可积，可以交换积分次序，则

$$\mathscr{L}[f_1(t)*f_2(t)]=\int_0^{+\infty}f_1(\tau)\left[\int_\tau^{+\infty}f_2(t-\tau)e^{-st}dt\right]d\tau,$$

令 $t-\tau=u$，得

$$\int_\tau^{+\infty}f_2(t-\tau)e^{-st}dt=\int_0^{+\infty}f_2(u)e^{-s(u+\tau)}du=e^{-s\tau}F_2(s),$$

所以

$$\mathscr{L}[f_1(t)*f_2(t)]=\int_0^{+\infty}f_1(\tau)e^{-s\tau}F_2(s)d\tau$$
$$=F_2(s)\int_0^{+\infty}f_1(\tau)e^{-s\tau}d\tau=F_1(s)F_2(s).$$

以上卷积定理可推广到 n 个函数卷积的情形.

推论　若 $f_k(t)(k=1,2,\cdots,n)$ 满足拉氏变换存在定理中的条件，且
$$\mathscr{L}[f_k(t)]=F_k(s)\quad(k=1,2,\cdots,n),$$
则有
$$\mathscr{L}[f_1(t)*f_2(t)*\cdots f_n(t)]=F_1(s)F_2(s)\cdots F_n(s).$$

【例 8-21】　求 $F(s)=\dfrac{1}{s^2(1+s^2)}$ 的拉氏逆变换.

解　由于 $F(s)=\dfrac{1}{s^2(1+s^2)}=\dfrac{1}{s^2}*\dfrac{1}{s^2+1}$，令 $F_1(s)=\dfrac{1}{s^2},F_2(s)=\dfrac{1}{s^2+1}$，则
$$f_1(t)=t,f_2(t)=\sin t,$$
由卷积定理可得
$$f(t)=\mathscr{L}^{-1}[F(s)]$$
$$=\mathscr{L}^{-1}[F_1(s)F_2(s)]$$
$$=f_1(t)*f_2(t)$$
$$=t*\sin t$$

$$=t-\sin t$$

【例 8-22】 求 $F(s)=\dfrac{s^2}{(s^2+1)^2}$ 的拉氏逆变换.

解 $F(s)=\dfrac{s^2}{(s^2+1)^2}=\dfrac{s}{s^2+1}\cdot\dfrac{s}{s^2+1}$，由卷积定理得

$$f(t)=\mathscr{L}^{-1}\left[\frac{s}{s^2+1}\cdot\frac{s}{s^2+1}\right]$$

$$=\cos t\cdot\cos t$$

$$=\frac{1}{2}(t\cos t-\sin t).$$

【例 8-23】 求 $F(s)=\dfrac{1}{(s^2+4s+13)^2}$ 的拉氏逆变换.

解 $$F(s)=\frac{1}{[(s+2)^2+3^2]^2}$$

$$=\frac{1}{9}\cdot\frac{3}{(s+2)^2+3^2}\cdot\frac{3}{(s+2)^2+3^2},$$

又 $\mathscr{L}^{-1}\left[\dfrac{3}{(s+2)^2+3^2}\right]=\mathrm{e}^{-2t}\sin 3t$，由卷积定理得

$$f(t)=\frac{1}{9}(\mathrm{e}^{-2t}\sin 3t)\cdot(\mathrm{e}^{-2t}\sin 3t)=\frac{1}{6}(-3t\mathrm{e}^{-2t}\cos 3t+\mathrm{e}^{-2t}\sin 3t).$$

§8.5 拉普拉斯变换的应用

微分方程的拉氏变换解法如下：首先用拉氏变换将微分方程化为象函数的代数方程，解代数方程求出象函数，再取逆变换得最后的解，如图 8-1 所示.

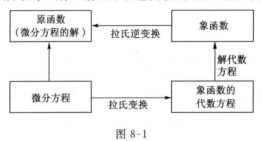

图 8-1

【例 8-24】 求方程 $y''+4y=0$ 满足初始条件 $y|_{t=0}=0$，$y'|_{t=0}=1$ 的特解.

解 设 $\mathscr{L}[y(t)]=Y(s)$，微分方程两边同时取拉氏变换，并有拉氏变换的微分性质，得

$$\mathscr{L}[y'']+4\mathscr{L}[y]=0.$$

代入初始条件得

$$s^2Y(s)+2s-4+4Y(s)=0.$$

通过整理得

$$Y(s)=\frac{4-2s}{s^2+4}.$$

取拉普拉斯变换的逆变换可得原微分方程的解为

$$y(t)=2\sin 2t-2\cos 2t.$$

【例 8-25】　求方程 $y''+2y'-3y=\mathrm{e}^{-t}$ 满足初始条件 $y\big|_{t=0}=0, y'\big|_{t=0}=1$ 的解.

解　设 $\mathscr{L}[y(t)]=Y(s)$,对方程的两边取拉氏变换,并考虑初始条件,则得

$$s^2Y(s)-sy(0)-y'(0)+2sY(s)-2y(0)-3Y(s)=\frac{1}{s+1},$$

即

$$s^2Y(s)-1+2sY(s)-3Y(s)=\frac{1}{s+1}.$$

解得

$$Y(s)=\frac{s+2}{(s+1)(s-1)(s+3)}.$$

由卷积定理可得

$$y(t)=\frac{-1+2}{3-6-1}\mathrm{e}^{-t}+\frac{1+2}{3+6-1}\mathrm{e}^{t}+\frac{-3+2}{27-18-1}\mathrm{e}^{-3t}$$

$$=-\frac{1}{4}\mathrm{e}^{-t}+\frac{3}{8}\mathrm{e}^{t}-\frac{1}{8}\mathrm{e}^{-3t}.$$

【例 8-26】　求微分方程组

$$\begin{cases}y''-x''+x'-y=\mathrm{e}^t-2\\2y''-x''-2y'+x=-t\end{cases}$$

满足初始条件 $\begin{cases}y(0)=y'(0)=0\\x(0)=x'(0)=0\end{cases}$ 的解.

解　设 $\mathscr{L}[x(t)]=X(s), \mathscr{L}[y(t)]=Y(s)$,对两个方程取拉氏变换,则

$$\begin{cases}s^2Y(s)-s^2X(s)+sX(s)-Y(s)=\dfrac{1}{s-1}-\dfrac{2}{s},\\2s^2Y(s)-s^2X(s)-2sY(s)+X(s)=-\dfrac{1}{s^2}.\end{cases}$$

解此线性方程组,可得

$$X(s) = \frac{2s-1}{s^2\,(s-1)^2}, Y(s) = \frac{1}{s\,(s-1)^2},$$

由卷积定理可得

$$y(t) = 1 + te^t - e^t,\ x(t) = -t + te^t,$$

即

$$\begin{cases} y(t) = 1 - e^t + te^t \\ x(t) = -t + te^t \end{cases}.$$

积分及积分方程的拉氏变换解法见以下例题.

【例 8-27】 计算积分 $\displaystyle\int_0^{+\infty} e^t \sin t\,dt$ 的值.

解 令 $f(t) = \sin t$,则 $\mathcal{L}[f(t)] = \mathcal{L}[\sin t] = \dfrac{s}{s^2+1}$,从而

$$\int_0^{+\infty} e^t \sin t\,dt = F(-1) = -\frac{1}{2}.$$

【例 8-28】 计算积分 $\displaystyle\int_0^{+\infty} t^3 e^{-3t}\,dt$ 的值.

解 令 $f(t) = t^3$,则 $\mathcal{L}[f(t)] = \mathcal{L}[t^3] = \dfrac{6}{s^4}$,从而

$$\int_0^{+\infty} t^3 e^{-3t}\,dt = F(-3) = \frac{6}{27}.$$

【例 8-29】 求解积分方程 $\displaystyle\int_0^t e^{t-\tau} x(\tau)\,d\tau = t.$

解 方程两边取拉氏变换,由卷积定理可得

$$\mathcal{L}[e^t * x(t)] = \mathcal{L}[e^t] * \mathcal{L}[x(t)] = \mathcal{L}[t],$$

即

$$\frac{1}{s-1}\mathcal{L}[x(t)] = \frac{1}{s^2}, \mathcal{L}[x(t)] = \frac{1}{s} - \frac{1}{s^2}.$$

取拉氏变换的逆变换可得

$$x(t) = 1 - t.$$

【例 8-30】 求解积分方程 $x(t) = f(t) + \displaystyle\int_0^t e^{t-\tau} x(\tau)\,d\tau.$

解 方程两边取拉氏变换,由卷积定理可得

$$\mathcal{L}[x(t)] = \mathcal{L}[f(t)] + \mathcal{L}[e^t] * \mathcal{L}[x(t)],$$

计算得

$$\mathcal{L}[e^t] = \frac{1}{s-1},$$

$$\mathscr{L}[x(t)] = (1 + \frac{1}{s-2})\mathscr{L}[f(t)].$$

对上式取拉氏逆变换可得

$$x(t) = f(t) + \int_0^t e^{2(t-\tau)} f(\tau) d\tau.$$

习　题

1. 利用定义求下列函数的拉普拉斯变换：

(1) $\sin \omega t$，ω 为常数；

(2) $\cos \omega t$，ω 为常数；

(3) te^{st}，s 为常数；

(4) ce^{at}，其中 c,a 为常数；

(5) $e^{-2t} \cos 2t$.

2. 计算下列函数的拉普拉斯变换：

(1) $f(t) = \cos 3t + 6e^{-3t}$；

(2) $f(t) = \text{ch}(at)$，a 为常数；

(3) $f(t) = \text{sh}(at)$，a 为常数；

(4) $f(t) = t^2 \cos t$；

(5) $f(t) = \begin{cases} 0 & t < 0 \\ c & 0 < t < t_0 \\ 0 & t_0 < t \end{cases}$；

(6) $f(t) = te^{-\beta t}$.

3. 已知 $f(t) = e^{-at} u(t)$，试求其导数 $\dfrac{df(t)}{dt}$ 的拉氏变换.

4. 证明：若 $\mathscr{L}[f(t)] = F(s)$，则对于大于零的常数 c，有

$$\mathscr{L}[f(ct)] = \frac{1}{c} F\left(\frac{s}{c}\right) \text{（相似定理）}.$$

5. 计算下列函数的拉普拉斯逆变换：

(1) $F(s) = \dfrac{1}{s^2(s^2+1)}$；

(2) $F(s) = \dfrac{1}{(s^2+2s+5)^2}$；

(3) $F(s) = \dfrac{s^3+2s^2-9s+36}{s^4-81}$；

(4) $F(s) = \ln \dfrac{s-1}{s}$；

(5) $F(s) = \dfrac{s}{s^2 + 2s + 5}$.

6. 计算下列函数的拉普拉斯变换：

(1) $u(t) * u(t)$；

(2) $f(t) = u(t) * \delta_T(t)$，其中 $\delta_T(t) = \sum\limits_{k=0}^{\infty} \delta(t - kT)$；

(3) $f(t) = \dfrac{\sin t}{t} u(t)$；

(4) $f(t) = \displaystyle\int_0^t \dfrac{\sin x}{x} \mathrm{d}x$.

7. 求解下列微分方程组在满足一定初始条件下的解：

(1) $\begin{cases} x' - 2x + 3y = 0 \\ y' - y + 2x = 0 \end{cases}$ 满足条件 $x(0) = 8, y(0) = 3$.

(2) $\begin{cases} x' + 2x + 2y = 10\mathrm{e}^{2t} \\ y' + 3y - 2x = 13\mathrm{e}^{2t} \end{cases}$ 满足条件 $x(0) = 1, y(0) = 3$.

8. 已知 $y''(t) + 3y'(t) + 2y(t) = \mathrm{e}^{-t}u(t)$，且 $y(0) = y'(0) = 0$. 求 $y(t)$.

9. 已知 $y''(t) + 2y(t) = f_1''(t) + f_2'(t) + f_2(t)$，且 $f_1(t) = u(t)$，$f_2(t) = \mathrm{e}^{-4t}u(t)$，求 $y(t)$.

10. 求解下列积分的值：

(1) $\displaystyle\int_0^{+\infty} \dfrac{\sin 2t}{t} \mathrm{d}t$；　(2) $\displaystyle\int_0^{+\infty} \mathrm{e}^{-2t} \mathrm{d}t$；　(3) $\displaystyle\int_0^{+\infty} \dfrac{1}{t}(\mathrm{e}^{-at} - \mathrm{e}^{-bt}) \mathrm{d}t$.

11. 求解下列积分方程的解：

(1) $f(x) = \sin x - x - \displaystyle\int_0^x f(t) \mathrm{d}t$；

(2) $f(x) = x^2 - \displaystyle\int_0^x \sin(x - t) f(t) \mathrm{d}t$；

(3) $f'(t) + f(t) = t\mathrm{e}^t - \displaystyle\int_0^t \mathrm{e}^{(t-\tau)} f(\tau) \mathrm{d}\tau$.

参 考 文 献

[1] 华中科技大学数学系.复变函数与积分变换[M].2版.北京:高等教育出版社,2003.

[2] 南京工学院数学教研组.工程数学:积分变换[M].3版.北京:高等教育出版社,1989.

[3] 谭小江,伍胜健.复变函数简明教程[M].北京:北京大学出版社,2006.

[4] 吴彦强.傅里叶变换证明拉普拉斯变换的性质[J].数学学习与研究,2016(23):25.

[5] 西安交通大学高等数学教研室.工程数学:复变函数[M].4版.北京:高等教育出版社,1996.

[6] 谢树艺.工程数学:矢量分析与场论[M].2版.北京:高等教育出版社,1985.

[7] 杨巧林,孙福树,刘锋.复变函数与积分变换[M].3版.北京:机械工业出版社,2013.

[8] 张培璇.复变函数论[M].济南:山东大学出版社,1993.